湛庐CHEERS

与最聪明的人共同进化

HERE COMES EVERYBODY

改变人生的超强记忆法

[日]山口佐贵子 著　　阿夫 译

浙江教育出版社·杭州

你掌握的方法越多，记住的东西也就越多

多年来，我一直在教授关于记忆方法的课程。我经常听到学员们说：

“某某很聪明，所以记忆力也自然超好喽。”

“和某某比起来，我真的是什么都记不住……”

我教过的学员超过 11 200 人，基于这些年的教学经验，我可以十分肯定地说：每个人先天的记忆力并无差异。

我向学员们传授的有效的学习方法，主要是可将阅读速度提高十倍的影像阅读法和利用思维导图做笔记的方法。其中，影像阅读法对增强记忆力和扩大记忆量尤其有效。几十年来，我一直在教授这一高效的阅读方法。

由于影像阅读法具有很高的适应性，所以我开设的课程多年来一直座无虚席。在我的学员当中，对影像阅读法最多的反馈是：“这是任何人都能快乐学习的阅读方法，而且任

何人都可以从这一阅读方法中获益良多。”

我的学员中除学生、公司职员、管理者、教授、医生、公务员、家庭主妇、自由职业者之外，还有前奥林匹克运动员、作曲家、作家和演艺界人士，其中有正在开创未来的年轻人，也有退休的老人。

很多学员都通过学习我的课程改变了自己的职业生涯，承担起了更大的社会责任。有些人从公司职员转行成了政府议员或畅销书作家，有些人从公务员转行成了大学教授。

此外，还有很多学员快速提升了入学考试的成绩。如偏差值①为38 分的学生通过六个月的学习，考入了偏差值达到 55 分才能录取的高中，之后又考取了庆应义塾大学。有的学员没有上校外补习班，就被早稻田大学或上智大学录取。也有偏差值为 45 分的高中生在我的班上仅学习了两个月，就考取了一所日本很难考取的大学。还有一名学员高考补习两年后只上了夜校，但他一边工作一边听我的课，只用一年时间就通过了合格率仅为百分之十几的高难度资格考试；一

① 偏差值是指相对平均值的偏差数值，是日本人对学生智力、学习能力的一项按公式计算的数值，被视为学习水平的正确反映，是日本高中用来衡量学生成绩水平的重要指标。——译者注

年内，他一连通过了包括国家考试在内的四项资格认证考试。有的学员在六个月内，将 TOEIC（国际交流英语考试，俗称“托业”）成绩提高了 300 分。有的学员仅在考前复习了三个月，就一举通过了合格率约为 7.5% 的资格考试。像他们这样在短时间内大幅提升记忆力的成功案例举不胜举。

其实，这些成功案例可以发生在任何人身上。成绩普通、学历不高、学习水平一般的人也能够在短时间内取得惊人的进步，并非因为他们天赋异禀——每个人天生的能力并无太大差异，否则他们不可能在短时间内发生如此大的改变。他们之所以取得成功，正是因为他们掌握了正确的方法。

以我自己为例，我有着三十多年经营公司的经历。这三十多年来，我每天不仅需要处理各种各样的业务，还经常要在短时间内获取大量的新知识。为了能将新知识牢牢地记在脑子里，我每天都得使用各种巩固记忆的方法，比如写备忘录等。在诸多方法中，我最常使用的，而且能快速见效的，就是将要在本书中介绍的记忆方法。

简单来说，记忆力是“记住过去发生的事情的能力”。记忆力具有以下三个极为重要的特点：

①记忆力无关天赋，可通过后天努力得到改善。

②记忆力等于回想起过去发生之事的能力。

③记忆力和一个人是否聪明没有关系。

人可以通过后天的锻炼来增强自己的记忆力。记忆力的好坏与一个人聪不聪明无关，只和一个人能否回想起过去发生的事情有关。当你发现自己常常想不起过去发生的事情时，你肯定会认为自己的记忆力很差。事实上，你觉得自己的记忆力很差，很多时候只不过是因为你不知道应该如何记忆而已。

那么，我们究竟该如何记忆呢？记忆的重中之重是掌握把知识输入大脑并记住的方法，以及将记住的知识从大脑中唤出的方法。本书将要告诉你的，就是如何才能做到这两点。

若你的记忆力不好，你就无法高效地工作。这意味着你将“无法保住工作”“很难发展事业”，自然也“无法加薪”。其实，带着这些烦恼来找我咨询的人比比皆是。

记忆力越好，工作的专业度越高。

在记忆力得到大幅提升后，很多人都异口同声地对我说：“面对大量的工作，我现在可以有条不紊地全部完成啦！”“因为能记住会议、会谈及谈话中的关键内容，我成了一名深受员工信赖的上司。”“如今我在同样的时间内完成的工作量竟然是之前的三倍！”

只要你掌握了适合自己的提升记忆力的方法，就一定会惊叹“我的记忆力变好了”。当然，你掌握的方法越多，记住的东西也就越多。

即便你无法掌握我在本书中提到的所有方法，但哪怕只掌握两三个，你的日常生活也将发生巨大的改变。从我介绍的这些方法中选一个你觉得做起来没有那么难的，以轻松的心态尝试一下吧！

关于记忆的方法，你了解多少？

扫码鉴别正版图书
获取您的专属福利

- 以下哪种方式有助于增强阅读时的记忆力？（ ）

  A. 做好读书笔记，记下要点

  B. 将情绪带入阅读，让自己产生情感的共鸣

  C. 事先上网查阅网友的书评

  D. 尝试背诵你认为重要的篇章或段落

扫码获取全部测试题及答案，
看看关于记忆的方法，
你了解多少？

- 以下哪种方法更有助于加深你对新信息的记忆？（ ）

  A. 做笔记，把你认为重要的内容记下来

  B. 录音，把你听到的新内容录下来

  C. 提问，对你感兴趣的话题进行提问并记住答案

  D. 联想，通过联想把新信息和已知信息联系起来

- 如果你需要记忆自己并不擅长或不感兴趣的内容，以下哪种方式更有效？（ ）

  A. 买一些可爱的便签纸或漂亮的笔记本来做笔记

  B. 尽量在安静的环境中，心无旁骛地学习、记忆

  C. 准备一些自己喜欢的零食，边吃边记

  D. 先录一遍音，然后通过反复听录音来记忆

扫描左侧二维码查看本书更多测试题

目 录

第 5 章 在有限的时间内快速做笔记的方法 / 113

第 6 章 让工作更高效的信息处理方法 / 151

第 1 章

记忆的脑科学

- 怎样才能牢记重要内容?
- 越想全部记住越记不住，怎么办?
- 为什么回想不起曾经记住的内容?

增强记忆最重要的因素是什么

▶▶▶ 明确目标

在开始进入正题之前，我想解读一下“记忆”这个词。

“记”的繁体字“記”可拆分为“言”和“己”，“忆”的繁体字“憶”可拆分为“心”和“意”。从“记”“忆”这两个字的构成来看，“记忆”这个词可解释为，为把某项内容转化成自己的语言而将它的意思铭记在心。

“记住”是指无论何时被何人问起，都能说出同样的内容。就阅读而言，实现这一目标的关键是你要拥有明确的阅读目的，并且清楚地理解阅读内容，否则就很难把需要记忆的内容存留在脑海之中。

在记忆某些内容之前，你需要明确地知道自己为什么要记住它们，以及记住之后想要达到什么样的目的，比如，“想学习专业术语，以提升工作业绩”“想记住别人的名字”“想通过考试，考取资格证书”，等等。每个人记忆的目的都不尽相同。

如何找到学习动机

▶▶▶ 想象达成目标时的喜悦

一味地死记硬背，无法让大脑高效记忆。

高考的成绩决定了你能否进入大学，而你的人生很可能因为考取了大学而改变。正因如此，你才会为了高考拼命地学习。试想一下，假如你想读的大学没有入学考试的话，你还会为了进入这所大学而努力学习吗？若努力得不到衡量与验证，付出便失去了意义。正因为要考试，你才会拼命去学、去记。

“如果可以的话，我想考取那所大学！”假如你的内心涌出了这样的想法，那么你觉得自己会做出怎样的努力呢？

当然，假如你拥有轻而易举地考入第一志愿大学的能力，就另当别论了。不过，一般来说，想考入理想的大学必须有强烈的学习动力，并为之付出一番努力。

学习动力由学习目标激发而来，而学习目标的确立取决于心想事成后兴奋喜悦的心情。“如果梦想成真的话，我该多么开心啊！”这样的想法能引导你一步步走向成功。

令人愉快的事情更容易让人坚持下去。假如你总是因为自己记性不好而无法坚持做一件事情，恕我直言，那只是因为你从来没有真正想要记住它。

假如你在心里嘀咕：“我打不起精神啊！”那你应该问问自己：“当初我为什么想记住这些？”“我记住这些后会得到什么好处？”只要你找到了符合自己想法的目标，就应该把注意力集中在这个目标上。接着，你再问问自己：“实现这个目标后，我的人生是否会快乐很多？”来，现在就想一下，你的答案是什么？

如果是“是”，那就立刻开始行动！如果是“否”，就进入把“否”转化为“是”的环节：找出实现目标可能会带来的实实在在的好处，比如“只要达成目标就能加薪”“可以得到上司的赏识”“每天的工作会获得认可”“我会更有优势”等。找到可以真正激励你勇往直前的好处，立刻开始行动吧！

“愉快”是否能对行为和结果产生重大影响

▶▶▶“愉快”能激活大脑

当你沉迷在自己的爱好中时，是不是常常忘记时间？当你和朋友愉快地聊天时，是不是觉得没聊几句就过去了好几个小时？之所以会这样，是因为大脑会在我们内心充满愉悦的时候被激活，脑科学家指出，我们的大脑喜欢“快”，此处指的是“愉快”“快乐”的“快”。

大脑有一个特征，那就是它在人处于愉快状态时易被激活。

为什么快乐无比的经历、淋漓酣畅的交谈过去了几十年，还依然能让我们记忆犹新呢？这正是因为大脑对快乐的时光尤为印象深刻。

因此，假如你想牢牢地记住阅读的内容，就必须让大脑处于一种愉快的状态。以准备资格考试为例，虽然考试迫在眉睫，你却怎么也提不起精神学习，内心备感压力。这时候，你不妨集中注意力，想一想取得资格并因此受益时的愉快心情。比如，“只要通过了这个资格考试，我就能跳槽到想去的公司”“为了被保送上理想的大学，必须考全班第一”“和那家大企业签下合同，挣他个盆满钵满”，等等，这些都是能让你心情愉快的好处。

假如你不知道通过资格考试能带给自己什么好处，自然无法感受到愉快的心情。这样的话，即使你学习得再努力，也记不住几个字。

愉快的心情直接影响大脑的颞叶、伏隔核和额叶，并且能够高效激活大脑。换句话说，愉快的心情不仅能影响你大脑的运转速度以及你的记忆力、学习能力，甚至能影响你的想象力。

你也许有过这样的经历：你对某件事情并不感兴趣，但仍强迫自己去做，最终的结果总是不尽如人意。为什么会这样？这是因为我们的大脑非常诚实，它无时无刻不在索求“做一件事后得到的回报”。不过，我想特别提醒你注意：你的大脑索求的“回报”必须符合你自己的需求。尽管父母、老师、老板说了要这般那般，但他们的期待和要求都不是你的目标，你的目标是你自己真正想要得到的结果。

只要你给自己即将开始的学习设立一个坚定且快乐的目标，你的大脑就能发挥出无与伦比的力量。所以，现在就确定一个能让自己心情愉快的目标吧！

为什么将开心、感动等情感融入学习必不可少

▶▶▶ 融入情感能大幅提升记忆力

婴儿呱呱坠地之后，是怎么从牙牙学语转眼就变得伶牙俐齿的呢？真是让人不可思议！孩子到底是怎么一下就学会那么多词语和句子的呢？最主要的原因是，在孩子的眼里，每一天都充满了新奇的事物。他们面对各种新奇事物，无时无刻不处在一种兴奋的状态之中。

等孩子长大成人以后，他们依然对触动过自己的经历念念不忘，即便过去多年，依然记忆犹新。比如，第一次怦然心动、令人不安的惊恐等，想忘也忘不掉。这一切都是因为情感是记忆的源头。

请你回想一下，迄今为止，有哪些让你感到无比幸福的时刻？我想，不外乎是运动会上冲过终点、某次考试得了第一名、结婚、孩子出生等。人在得到梦寐以求的东西，或当意外的惊喜从天而降时，内心会充溢着“好开心啊，太感动了”等欢喜与感动。

人总是更容易回想起曾让自己兴奋不已、满心愉悦的文字、图像、感情和感觉。因此，你在记忆的时候，与其一边在心里默念“一定要记住，一定要记住”，一边苦心寻找记忆的技巧，不如用好奇的心态想一想：“这些内容多有意思呀，真想都记住！”或者，你也可以轻松地想一想：“记忆本身就很有趣嘛！”“若是记住了这些，那可赚到了！”如果你这样想的话，心情自然会变得轻松愉悦，而这种心情更有助于大脑记忆。

我建议你在学习时，抛开“不得不学”这种似乎被逼无奈才学习的想法。请你记住，在学习时，保持好奇和愉悦的心情最重要！

如何有效使用潜意识，让记忆力增强十倍

▸▸▸ 潜意识是无限的记忆库

有人问过我这样一个问题：“人的记忆容量是不是有限的？”我可以很确定地回答：“任何人的记忆容量都是无限的。”

美国心理学家 G. 威廉·法辛（G.William Farthing）认为，

人的精神可分为意识和潜意识。

意识是指我们对客观物质世界的主观反映，潜意识与意识相对，是指我们感知不到的意识。当我们在进行计算、研究、介绍等活动时，我们知道自己正在做什么。这时，我们使用的就是意识。可当我们听到一首熟悉歌曲的前奏时，想都没想便跟着哼唱起来，这时，我们使用的就是潜意识。潜意识里储存着我们在毫无察觉的情况下记住的信息，比如一首歌的前奏。我们并没有刻意去记，但它还是进入了我们的耳朵，留存在了我们的脑海之中。

此外，法辛在对意识和潜意识进行分类时发现，在大脑的意识中，意识只占 5% 左右，剩余的 95% 都是我们感知不到的潜意识。

潜意识如同一个巨大无比的记忆储藏库。一个人穷其一生，不管记住了多少东西，直到临终前都不可能将这个储藏库塞满。

我们在学习的时候，常常发出类似“哎呀，看不进去了，脑袋里已经装不下了”的叹息。其实，根本没有“装不下”这回事。只要你有效地利用意识和潜意识，那么你装进大脑的东西就会比你以为的要多得多。

什么是基于脑科学的记忆方法

▸▸▸ 有效使用目标设定、情感和视觉

花费大量时间好不容易读完了一本书，却完全不记得书里的内容，你有过这样令人气馁的经历吗？为什么会这样呢？

记忆分为短期记忆和长期记忆两种类型。短期记忆指的是只能保留一小段时间的记忆。比如，当你听到一个陌生的词语时，你若置之不理，这个词便会马上从你的脑海里消失。像这样转瞬即逝的记忆就是短期记忆。长期记忆指几年或几十年都不忘的记忆。比如，当你再次看到以前见过的一张图片或照片时，会下意识地作出“啊，以前见过”的反应。像这样很容易回想起来的记忆就是长期记忆。

假如你的目的只是读一本书，那么书中的内容通常只能进入短期记忆。因此，虽然你读完了一本书，却常常无法回忆起书中的内容。

你了解了记忆的两种类型之后，就会意识到，一定要带着“非记住不可”的意识反复阅读，并给自己设立一个愉快的阅读目标，把惊喜和兴奋等情绪带入阅读的过程中；同时，

使用图片和照片等视觉辅助工具来帮助记忆。只有这样做，你才能将所读的内容存留在长期记忆之中。

读书切勿盲目地翻开便读。只有在了解了大脑的特点，并掌握了将所读的内容存入长期记忆的方法后，你才能获得良好的阅读效果。

外部信息被存入短期记忆和长期记忆的过程如图 1–1 所示。

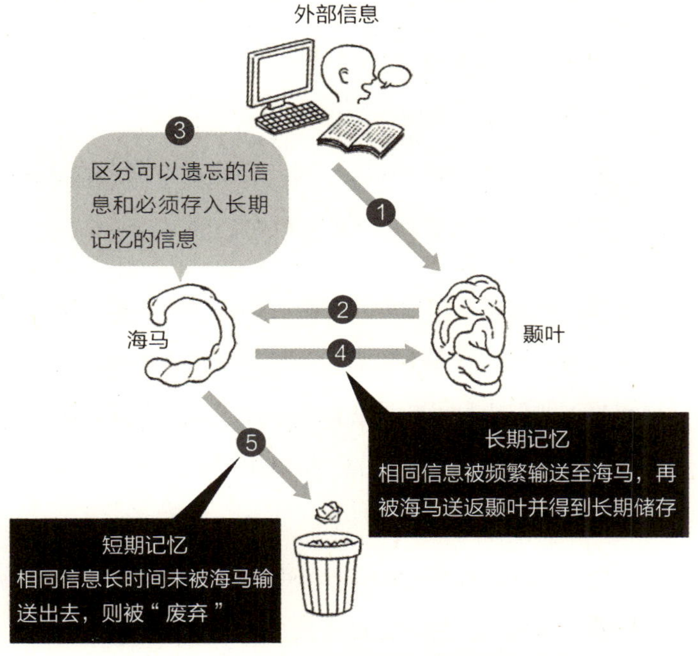

图 1–1　大脑处理外部信息的过程

记忆质量分为四个等级

▶▶▶ 阅读目标决定记忆的质量等级

记忆质量可以分为不同等级，等级的高低取决于你设定的记忆目标是什么。

根据记忆目标的不同，记忆质量可分为以下四个等级：

- 第一等级：虽然已阅读或听到某一内容，但并不理解意思。
- 第二等级：能够理解阅读或听到的内容的意思。
- 第三等级：通过重复阅读，试图记忆所读内容（尚未记住）。
- 第四等级：能够立即回忆起所读内容（完全记住）。

比如，在开会或与他人讨论时，如果你的记忆质量没有达到第二等级的“能够理解阅读或听到的内容的意思”，就无法根据议题发表自己的见解；在参加考试的时候，假如你的记忆质量达不到第四等级的“能够立即回忆起所读内容”，则无法通过考试。

因此，我建议你在开始学习的时候，就设立一个记忆目标，明确你对阅读内容的记忆质量必须达到哪一个等级。

另外，你还需要根据记忆质量的不同等级采用相应的学习方法：

- 第一等级：翻阅，浏览。
- 第二等级：理解阅读内容。
- 第三等级：抓住内容要点，勤加复习。
- 第四等级：在脱稿状态下，流利地讲述内容要点。

我在本书中将重点介绍让你的记忆质量达到第三等级和第四等级的方法。

切勿长时间记忆

▶▶▶ 长时间记忆会导致大脑疲劳

我的一位学员曾经问我："是不是每次能记住的内容是有限的?"简单来说，人记忆的容量是无限的。话虽如此，但人能集中注意力的时间是有限的。

虽然我们经常下定决心要大干一场——要集中精力好好

学习，把所有的内容都记住，但往往事与愿违。研究表明，人每次能够集中注意力的时间只有 15 分钟。换言之，集中注意力的波长以 15 分钟为周期变换。据说，这也是许多学校把一节课的时长设置为 15 分钟的倍数的原因。

如果你忽视注意力集中的时长，长时间持续不断地学习，势必会导致记忆质量下降。

一旦你感觉“学不下去了，好累啊”，就说明你的大脑已经不堪重负，发出了“我累了，休息一下吧”的指令。因此，我建议你此时放下书本，休息一下。

假如你总是学到筋疲力尽的时候才停下来，你的大脑便会认定“学习＝疲惫”，从而开始抗拒记忆，进而导致你越来越不想学习。可见，学得过猛反而适得其反。

你需要时刻牢记：记忆有 15 分钟的循环周期，在感觉疲惫之前停止学习，伸个懒腰，拉伸一下身体，休息休息。这样做比长时间学习更有效，记住的东西也更多。所以，你一定要试一试 15 分钟休息一次的学习方法。

假如 15 分钟休息一次对你来说过于频繁，让你觉得学习受到了干扰，那么就试试 30 分钟休息一次。但是，不管你延长多少学习的时间，一定要在学习 60 分钟后休息一次。

图 1–2 展示了如何合理安排学习时间和休息时间，图中○代表学习节奏适宜，△代表学习节奏不适宜。找到适合自己的学习节奏非常重要。用适合的节奏来学习，才能增强你的记忆力。

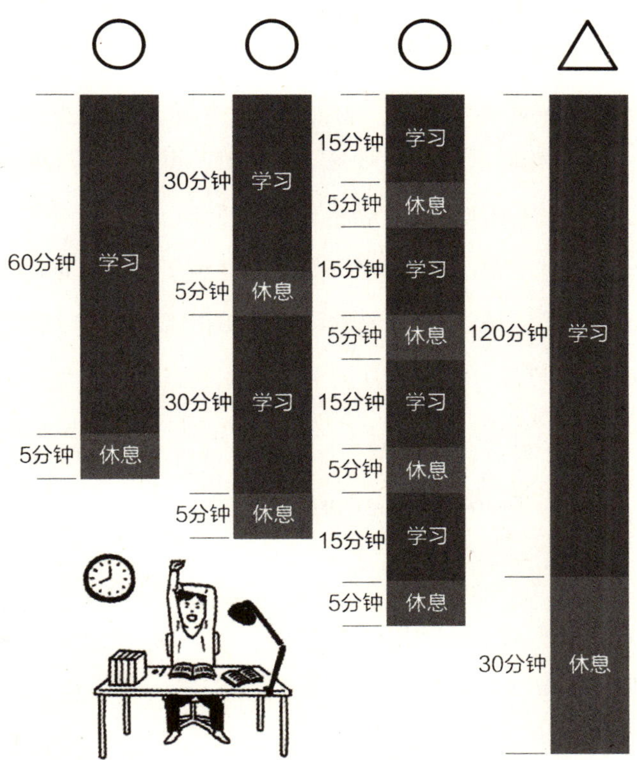

图 1–2　找到适合自己的学习节奏

越想全部记住越记不住，怎么办

▶▶▶ 只要记住关键词就能轻松搞定

很多人都感慨："如果能全部记住就好了！"是呀，我也不止一次地想过："如果自己有机器猫的记忆面包，该有多好啊！"

假如你需要记住的只是一个成语，也许多读几遍就能记住。可要是大量的单词和数字，想全记住就没有那么容易了。

其实，当你想把全部内容都记住的时候，你的大脑会做出以下反应：

①这可要花很长时间呀！

②这么多内容，回想起来很费力呀！

③要记的内容太多了，真不想记呀！

一旦你的大脑做出了以上反应中的一种，很遗憾，你肯定记不住多少内容。

事实上，记住全部内容既不能说明你很聪明，也不代表你的记忆力超强。假如你真想增强自己的记忆力，我建议你抛弃“考试复习＝全部记住”的想法。

你不必记住全部内容，只要记住重要内容的关键词，就能轻松应对工作和考试。

我的很多学员都因为采用了我这个建议而获得了成功。他们摒弃“全部记住”的想法：“一想到自己不用把书里的内容全部记住，复习的时候心里就感觉特别轻松。”还有些学员对我说：“虽然我只记住了关键词，可是考试成绩却出奇地好！”

从今天开始，请你也把“必须全部记住”的想法抛到九霄云外吧。

联想是否有助于记忆

▶▶▶ 联想游戏是极为有效的记忆方法

当人们谈论有关记忆方法的话题时，经常提到通过玩联想游戏进行记忆的方法。

将已知的知识和新学的知识联系起来可有效地加速记忆。若你在记忆时使用视觉、听觉和触觉进行联想，则会记得更加牢固。比如，你想记住“日本的国鸟——绿雉”，那就联想日本报纸上登载的图片，如图 1–3 所示。

图 1–3　视觉记忆的例子

你想记住“日本宪法在 1947 年生效”，可以利用数字 1947 的谐音进行记忆，这句话就变成了“日本宪法开始了吧”[①]。这是使用听觉记忆的例子。如何使用触觉记忆呢？比

① 日语中“1947”和“开始了吧”发音相同。——译者注

如，你想记住“牡丹”这个名字，那就用手做出“扣纽扣”的姿势[①]。

可能你会觉得上述方法过于简单。其实，简单才是记忆的原则。

你不用担心自己使用的方法会遭到别人的嘲笑。只要你能记住，用什么方法都没有问题。因此，我建议你有意识地找一些自己觉得简单易懂的方法，通过联想进行记忆，这比单纯地盯着书看更加有效。

如何才能有效地唤起记忆

▸▸▸ 利用图片、影像、声音、气味和味道等制作“记忆钩”

明明已经记住的英语单词、人名和专业术语，却怎么也想不起来，你是不是常常遇到这样的情况？这种情况被称为

① 日语中“牡丹”和“纽扣”的发音相同。——译者注

“无法将记忆从潜意识（长期记忆）中唤起”。

费时费力储存在长期记忆里的内容，到了使用的关头却怎么也想不起来，曾经的万般努力变成了无用功。为了防止这类情况发生，你可以重复进行能随时从长期记忆里唤起记忆的训练。

这一训练的诀窍是制作能够唤起记忆的“记忆钩”，并反复使用。

一切对大脑产生影响的图片、影像、声音、气味和味道都能成为记忆钩。

比如，为了回想起西班牙的城市圣塞巴斯蒂安，你可以想象三个[①]叫塞巴斯蒂安的小孩排成一排的画面。这个画面可形成一个能够唤起记忆的记忆钩。只要你反复回想三个叫塞巴斯蒂安的小孩并排站在一起的画面，就能简单地在大脑中形成一个提取记忆的路径。

在这个训练中，“反复使用”是重中之重。反复对增强记忆来说至关重要。

---

① 日语中“三”和“圣”发音相同。——译者注

怎样才能牢记重要内容

▶▶▶ 让大脑知道“这些很重要”

当你在记忆大量内容的时候，是不是总觉得这也重要、那也重要，完全分不清先后和主次，结果重要的内容反倒没有记住。

要解决这个问题，你必须向大脑强行输入“这些很重要”的指令，这样才能把重要的内容牢牢记住。只要你在心中反复默念“这些很重要！一定要记住！”，就能激活大脑，将重要内容牢固地存留在记忆之中。

比如，你在记忆日本最高行政机关的结构图时，可以不住地对自己说“这些很重要”，然后一边确认书中的内容，一边反复抄写首相、国务大臣、内阁官房长官等关键词语，这样就能督促大脑记住这些内容。

有些内容是记忆其他内容的基础，如果不先记住它们，就无法去记忆更多的内容。若无树干则无枝叶。因此，当你记忆属于树干部位的重要内容时，切记要在心中反复默念：“这些很重要，一定要记住！”

越觉得“记不住”就越记不住

▶▶▶ 焦虑不安只会对大脑产生负面影响

“记不住呀”“太难了”“在这么短的时间内哪能记住这么多内容啊”……学习的时候，你也这样抱怨过吧？

我完全理解你的感受。不过，尽管你只是自言自语，或者只不过是在心里念叨一下，焦虑不安的话语还是会对大脑产生极为负面的影响。

假如你频繁地说一些焦虑不安的话语，或想一些焦虑的事，大脑便会按照你的所说所想去运转。假如你总想“记不住，记不住”，大脑就会认为收到了“不能记住”的指令。这样一来，你再怎么努力也记不住。这就像是你在心里一直念叨“不能迟到，不能迟到”，结果偏偏会迟到一样。

谁都不可能一次记住所有的内容，所以如果你对记忆大量的东西感到焦虑不安，也完全情有可原。在感到焦虑的时候，你可以试着把惶恐不安的话语转换成激励自己的话语。比如，你可以这样对自己说：“真急人呀！但是不要担心，只要坚持下去，一定没有问题。”或者，把泄气话“今天还是记不住单词”改成具体且肯定的措辞，如“今天只记这三个单词”“只学一章就好，一定可以完成”，等等。

每当你觉得自己怎么也记不住的时候，你都可以试着问问自己：“怎样才能记住？”一旦你养成了这个习惯，积极的话语自然就会从你的脑海中浮现出来。

● 记忆小窍门

“创意放松法”令人更加专注

你听说过“创意放松法”吗？简而言之，这是一种为了让注意力更加集中而特意进行放松的方法。

比如，你在专心学习了一个小时后，可以到外面走一走，边走边做深呼吸。之所以这样做，一是因为路边的景色可以让你神清气爽，二是因为深呼吸可以给你的大脑提供大量的氧气。

这种为了高效地记忆而特意将大脑调整到放松状态的方法叫作创意放松法。

具体来说，就是先集中精力学习或工作一段时间，然后有意识地花一定的时间放松。如此循环的做法可以让大脑更加活跃。

使用创意放松法时，我建议你牢记以下两点:

①让自己有一点儿被奖励的感觉。

②使用五感，选择创意性的休息方式。

比如，专心学习一段时间后，你可以刻意让自己放下书本，去喝一杯茶。这时，我建议你不要喝买来的瓶装茶。如果有条件，你可以把喜欢的茶叶放入茶壶，慢慢倒入开水，给自己好好地沏一杯茶。假如你想吃水果，就把自己喜欢的水果切成小块，放在漂亮的盘子里，然后再吃，或者用水果给自己做一杯果昔。总之，你最好做一些既不费事又有创意的事情。当然，你也可以出门散散步，或和别人聊聊天。

创意放松法旨在有意识地在两段专注状态之间找到放松的状态，从而延长集中注意力的时间，并减轻疲劳感。

第 2 章

让记忆力倍增的阅读方法

- 为什么有些书我们读完就忘？
- 反复阅读也记不住的原因是什么？
- 拿起书就读，不行吗？

读完就忘的最大原因是什么

▶▶▶ 第一印象不深的书不可能被记住

你根据什么决定买或不买一本书？

假如你信任的人给你推荐了一本书，你一定会毫不犹豫地买下来吧？但是，当你自己选择一本书的时候，书的封面设计是否引人注目，书名以及腰封上的文字介绍能否引起你的兴趣，这些都会影响你做决定吧？

你为什么会受到这些因素的影响呢？这是因为在众多的书中，你的大脑总是选择那些给你留下深刻印象的书。换言之，假如你对一本书的第一印象不够深刻，那么你就不可能记住这本书。一本书给你的第一印象越深，它停留在你脑海中的时间就越长。

一本书的封面中包含着创作者意欲传达给读者的许多

信息。当你第一眼看到一本书的封面时，内心是否被封面触动对购买非常重要，你在买书的时候，一定会买那些让你“一见钟情”的书。另外，你还可以浏览一下书的目录。目录可以说是一本书中重要内容的集合。假如你在浏览了一本书的目录之后，心里涌起了阅读的冲动，就一定不要错过这本书。

你也可以看一看作者简介，了解一下这本书的作者是否写过你感兴趣的出色作品。另外，你要记得留意一下书的设计，看看书中文字的大小、字体以及留白、插图是否符合你的需要及品位，这些都会影响一本书的呈现方式，如图 2–1 所示。假如一本书的设计不合你意，就算你把书买回家多半也是随手一扔，不会再去碰它。这种情况比比皆是。

你若不是学生，就不会有人规定你必须读什么书，也没有人来测试你读得怎么样。当然，就算你不是学生，也有可能为了考取资格证书而不得不读一些晦涩无聊的备考书籍。

假如你既不是学生，也不需要备考复习，你的阅读目的只是想增强自己的记忆力，那么你在买书的时候，一定要买真正想读的书。

其实，给孩子选书也是同样的道理，你也可以遵循只买真正想读的书这个原则。但是，不要给孩子买你想让孩子读的书，而是买孩子自己选择的书、孩子自己想读的书。假如家长只根据自己的喜好给孩子买书，并强迫孩子去读这些书的话，那么孩子的心里就可能会形成“书籍 = 痛苦”的阴影，对阅读产生厌恶情绪，甚至发展到厌学的程度。所以，如果你是一位家长，一定要特别注意这一点，即在给孩子买书时不要替孩子做主。

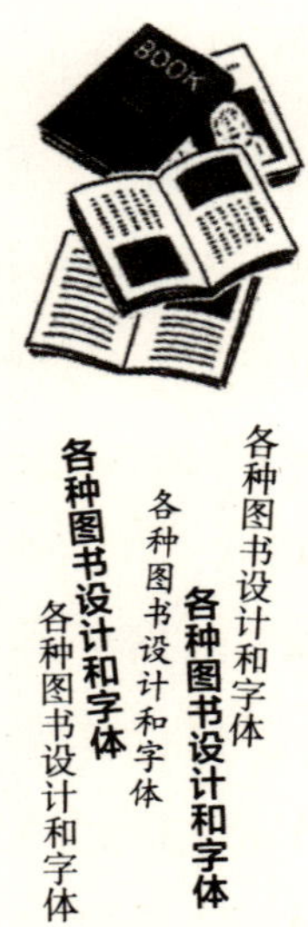

图 2-1　各种图书设计和字体

大脑更倾向于记忆自主学习的内容，同理，大脑也更愿意记忆按照自己的喜好选择的书籍的内容。除了因工作需要必须阅读的书籍，只读那些你真正想读的书吧，否则你即使读了，也可能什么都记不住。

若无阅读目的，则绝不买书

▶▶▶ 没有目的如同走入迷宫

在买书之前，你需要明确自己的阅读目的，这一点至关重要。做一件事若没有目的，就如同走进了一个看不见出口的迷宫。

现在请你闭上眼睛想一想，你所在的房间里有几件红色的东西，然后睁开眼睛，这时你会发现，房间里红色的东西一个接一个地跃入你的眼帘。之所以会这样，是因为你给大脑发出了“寻找红色东西”的指令。你的大脑根据指令作出了反应，因此你房间里红色的东西就自然而然地跑进你的视线里了。

同样，只要明确了阅读目的，你寻找的书便会跃入你的眼帘。这时，你只需从这些书中选择要买的书即可。比如，你买书是为了“明天能出色地汇报工作，签下合同”，那么你的阅读目的就是“在众人面前用三分钟清晰流利地表述自己的见解”。

没有人关心你因为何种目的阅读何书，因此你不必担心别人嘲笑你的阅读目的荒诞无稽。你阅读时完全可以任性地遵循自己的喜好。我建议你一定要在有了明确的目的之后再买书，没有目的地盲目购买纯属浪费。

最后期限是启动大脑的开关

▸▸▸ 只有设定了最后期限，大脑才会向目标进军

若不给自己设定一个“在 ×× 日前完成”的期限，你的大脑就不会加快节奏工作。

假如你要参加某资格考试，这类考试都有一个固定的考

试日期。这时，你必须给自己设定一个“在 ×× 日前完成”的期限。如果你自我感觉良好，或自认为时间足够充裕，而没有设定期限，那么你就很难达到预期的目标。因此，我建议你为简单的事情设定一个短暂的期限，为困难的事情设定一个类似“如果能在 ×× 日前完成就太好了”“加加油的话应该可以”等灵活的最后期限。

另外，正如前文所说，你设定的目标应该能让你一想到它，脸上就会浮现出笑容，心里就会乐开花。一旦设定了这样的目标，你最好马上付诸行动。

还有一点非常重要，即最好设定一个高出自己预期的目标。比如，你想一次通过某资格考试，就把目标提高到“成绩名列前十”。

给自己设定一个更高的目标，不仅能丰富你的人生经验，还能扩展你涉足的领域。一个人的经验越丰富，涉足的领域越广，就能与越多的事物产生共鸣。

产生共鸣的能力决定了你今后在阅读中对内容理解的深度，换言之，能够产生共鸣的人和不能产生共鸣的人对所读内容的理解有着云泥之别。

反复阅读至关重要

▶▶▶ 反复阅读能强化记忆

假如你想增强记忆力，那么你就必须反复阅读一本书。反复阅读能够不断更新大脑中的记忆，从而强化大脑。

如图 2–2 所示，记忆随时间的推移而淡化，但淡化的记忆可以通过反复阅读进行巩固。

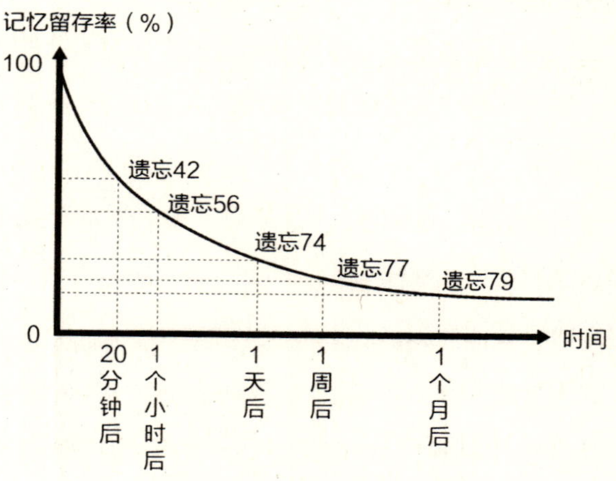

图 2–2　艾宾浩斯遗忘曲线

当你反复阅读时，需要注意以下两点：

①阅读结束之前，通读一遍书中的重要内容。

②阅读新的一章之前，略读前一章的重要内容。

反复阅读并不是每一遍都逐字逐句地读，你只需反复阅读主要内容即可。

反复阅读也记不住的原因是什么

▶▶▶ 让你产生愉悦感的书才能改善你的记忆力

在上一节中，我提到了反复阅读一本书的重要性。但是，反复阅读绝非单纯地花大量时间盲目地阅读。盲目追求阅读量并不能改善记忆力。

假如你想增强记忆力，至关重要的一点是，你必须让大脑在阅读的过程中体会到愉悦感。愉悦的感受有助于强化记忆。

我建议你在买书的时候，尽量选择一眼看去就让你从心底涌起“很有趣啊”“看到这本书就很开心”等愉悦情绪的书。

假如你不得不阅读一本被指定的教科书或你不感兴趣的书，那么我建议你设定一个能让自己心情愉悦的阅读目标。假设你必须读一本老板推荐给你的书，那么你可以把目标设定为“提升自己的工作能力”、“满足老板对我的期望”或“只要读懂这本书，就能提高业绩，让人刮目相看”等。哪怕这个目标只能让你有一丝愉悦感，那也能帮你更加容易地记住书中的内容。

你听说过“生活质量”这个词吗？提升生活质量的前提是，必须设定一个令你心情愉悦的目标。同理，只有让大脑产生愉悦感，才能保证记忆的质量。因此，我建议你在阅读时，一定要让你的大脑感受到愉悦。

浏览目录可增强阅读效果

▸▸▸ 目录是内容的精华

若想高效地记忆一本书的内容，关键是要掌握整本书的内容概要，而掌握内容概要的最好方法是浏览书的目录。一本书的目录罗列出了各章节的标题，因此它汇集了所有与该书内容相关的关键词。也就是说，作者最想表达的东西，以及书中内容的精华都被浓缩在了目录之中。

通过浏览一本书的目录，你不仅可以大致了解作者的写作意图，还可以清楚地判断出该书的难易程度，即这本书的遣词造句是通俗易懂，还是生僻晦涩。作者在书中使用的语言表达方式将直接影响你的阅读体验。比如，你可能不喜欢作者使用“要这样”“不要那样”之类的命令语气；书中出现大量网络流行语也许会引起你的好感（或反感）；作者在书中简单直接地给出了建议，如使用类似“目标对成功很重要”等语句，会让你的阅读体验更加舒适，等等。

你还可以通过浏览目录了解该书是偏实用还是重理论。也就是说，这本书是列举了许多可以拿来就用的方法，还是侧重阐述理论和观点。

等你通过浏览目录掌握了内容概要后，你就会对书的内容有一个大致的印象，对阅读该书也不太有排斥或恐惧的心理。在心理上产生对阅读的安全感，不仅有助于提高阅读质量，也能够节省阅读时间。

浏览一本书的目录，可以帮你了解到：

①作者写作的思路特点。

②书的难易度。

③文字的表达方式。

④重理论还是重实践。

我建议你从以上几个方面大致了解一本书后，再开始阅读。这样一来，你不仅能节省阅读时间，还能非常顺利地阅读完整本书。

从目录入手确立目标，阅读更高效

▶▶▶ 确立阅读目标有助于记忆

在阅读一本书之前，你需要先浏览目录，了解整本书的概要，接下来你还要确立一个阅读目标。

这就像我们去旅游的时候，总会在出发前做好攻略一样：什么时间到什么地方，到了之后要做些什么。如果你不做攻略就踏上旅程，无异于开启一场神秘之旅——不知道目的地在何处，到了一个地方也不知道要做什么，甚至连什么时候到什么地方都茫然不知。如果是这样的话，我想你在整个旅程当中，都会处于一种不知何去何从的迷茫状态吧。

以记忆为目的的阅读也是如此。若像踏上神秘之旅一样开始阅读，你不但会在阅读的过程中陷入焦虑，而且也很难记住书中的重要内容。

● 关于如何确立阅读目标，你可以参考以下几个例子：

“这本书看上去比想象中的难啊！”

→ 细嚼慢咽，慢慢阅读。

→ 利用周末的时间复习。

“这本书内容不多，还挺通俗易懂的嘛。”

→ 利用通勤时间，快速阅读。

→ 空闲时间再翻看一下重点内容。

“书里有很多对话呀。”

→ 只阅读需要重点掌握的内容。

如上所述，先浏览目录，给书做一个大致分类，然后确立阅读目标，这样你就能制订出一个高效的阅读计划了。

拿起书就读，不行吗

▸▸▸ 阅读前，先确认自己想从这本书中获得什么

提出问题是牢记书中内容的有效方法。我们的大脑犹如汽车的导航系统，一旦输入目的地，便会给出最快捷的路线。

你想通过阅读这本书获得什么？想要获得的“目的”一旦传递给大脑，便会激活大脑，你也就更容易记住需要记忆的内容。假如你不提出问题，阅读后只能单纯地得出一些“似乎还不错”“挺有用的”之类的模糊不清的感想，那么书中的内容也很难留在你的脑海之中。

假如不把目的地输入汽车导航系统，导航系统就不知道你要去哪里，也不会给出最佳的路线。我们的大脑也是如此。

以下是可以帮你提出问题的三个诀窍：

①提出的问题尽量具体。

②提出的问题易于操作。

③提出“诀窍是什么”“方法是什么”等能够提取内容精华的问题。

那么，究竟该如何提出具体的问题呢？下面以不同种类的书为例进行说明。

● **关于备考资格证的书：**

→ 能够取得资格，且适合我的学习方法是什么？

关于高考的书：

→ 必须掌握的要点在哪里？

关于如何做工作报告的书：

→ 能让我下周沉着冷静地做工作报告的诀窍是什么？

关于如何提升销售业绩的书：

→ 达到本月销售目标的方法是什么？

关于人力资源培训的书：

→ 降低我们公司员工离职率的方法是什么？

阅读时产生共鸣有助于记忆

▶▶▶ 将情绪带入阅读有助于记忆

我们在回想过去发生的某件事情时，是不是经常出现这样的情况——之前怎么也想不起来的事情，有一天突然一下就想了起来，这时我们会拍着双手大叫："对呀，对呀！"当我们说着"对呀，对呀"的时候，大脑是怎样运转的呢？大脑在告诉我们："是啊，是啊，终于想起来了！当时就是这样的啊！"

能够让人回想起来的总是令人印象深刻的时刻，或捧腹大笑，或心如刀绞，并不一定都是美好的瞬间。

一件事情让我们的情绪起伏越大，就越能深刻地留在我们的记忆之中。如果一件事情过去了很多年，我们还能想起来的话，那么这段记忆就已经转化为了长期记忆。

在阅读的时候，你可能会时不时地惊叹："妙语啊！"如果能发出这样的感叹，真可谓是一大幸事。接下来，就请你慢慢地再仔细读一遍让你拍手称妙的这段文字。

为什么要慢慢地再读一遍呢？

因为缓慢阅读能够引起人情绪的变化，而在阅读中带入我们自身的情绪，可以帮助我们记忆。比如，你只用一秒的时间对某人说“喜欢你”，和用三秒的时间慢慢地说出“喜欢你”，产生的效果完全不同。

情绪波动与长期记忆密切相关，减缓阅读的速度，就能更好地引起情绪的波动。

在阅读的过程中，内心产生情感共鸣是激活大脑功能、加强记忆的方法。

阅读一段需要记忆的内容时，如果将喜怒哀乐的情绪注入其中，这些情绪便能与记忆产生关联，从而达到省时省力的记忆效果。

不过，并不是所有的书都必须慢慢阅读。对于有些书来说，在读到重点内容的时候，我们可以一边读一边对自己说：“言之有理呀！”“这个很重要呀！”以此来提醒自己阅读时带入情绪。

强化记忆的一个诀窍是重复。你可以增加重复的次数，并且不断地尝试使用更多的方法。

使用肢体语言加强记忆的阅读方法

▶▶▶ 阅读时，同时使用视觉、听觉和触觉，可加倍强化记忆效果

反复、出声地阅读，是非常有效的记忆方法。

比如，我们出声地读“book”和“书”时会使用不同的口腔肌肉，因此口腔的感觉也不相同。而帮助我们唤起对不同词语的记忆的，恰恰就是口腔肌肉的感觉。越是重复地出声阅读，像要把单词、文章、观点等和自己融为一体那样不断地重复，就越能牢固地记住阅读的内容。

另外，出声阅读的时候，我们能够听到自己的声音。传入耳朵的声音也会留在我们的记忆里。

其实，当人们阅读时，如果同时使用视觉、听觉和触觉这三种感觉，便能轻而易举地记住想要记住的内容。同时使用视觉、听觉和触觉来记忆的方法如图 2–3 所示，你可以一边深深地点头，一边用手指着书中的一个词说：“对，对！”或者用手拍着大腿说：“确实如此呀！”阅读中越多地利用自己的身体调动不同的感觉，就越容易达到高效记忆的效果。

❶ 一边用手指着书中的内容，一边说：“这里是重点呀，重点！”

❷ 盯着重点语句5～10秒。

❸ 在没有纸张的情况下，一边用手在空中写，一边口述需重点记忆的内容。

图 2-3　同时使用视觉、听觉和触觉来记忆

怎样才能回忆起书中的内容

▶▶▶ 养成找出关键词的习惯

通过关键词来回忆书中的内容是行之有效的方法。

这里所说的关键词，是指在阅读一本书的过程中，那些引起了你的共鸣，让你不禁发出“对呀，对呀”“妙啊”等感叹的字句。

只要记住了关键词，阅读过的内容就很容易从脑海中涌现出来。不过，关键词的选择必须以了解整本书的概要为前提，只有这样，才能省时省力且准确地找出关键词。

了解一本书的概要，进而找出关键词的步骤如下：

①浏览目录。

②阅读作者强调的内容，如粗体字、彩色字、图表、总结、要点等。

③找到符合你的阅读目的、能够回答你所提问题的章节和标题，从这些地方入手阅读。

按照上面的步骤，你就能轻而易举地找出与自己的阅读目的、所提问题相关的字句。接下来，你可以把这些字句抄写下来、用彩色笔画出或圈出并努力记住。这样你就能做到由关键词想起整本书的内容。

对了，我想顺便建议你，在找关键词的时候，写下这样一句话："这本书的关键词是……"，即"一本书，一个词"。只要记住了这个词，你就能简单地回忆起这本书的内容和要点。当你想着"只要一个词就可以了"，就不会有什么压力，对吧？"这本书的关键词是什么？"带着这个问题去找关键词是非常简单的。

阅读时只用两种颜色的笔做标记，更有助于记忆

▶▶▶ 使用两种以上颜色的笔做标记，会让大脑混乱

阅读中使用彩色笔进行标记，有助于加深记忆。不过，我想提醒你的是，只用两种颜色的笔做标记就好。因为大脑只能对两种颜色做出瞬间判断。例如，我们对红绿灯根深蒂

固的认知，就是“红灯停，绿灯行”。将其运用到阅读之中，就是用绿色标记重点，用红色标记容易出错的地方。

如果使用两种以上颜色的笔做标记，我们会搞不清什么颜色代表什么意思，也不知道该用什么颜色画横线，该用什么颜色画圈，导致大脑一片混乱，主次颠倒。

迄今为止，我已经给 7 500 多人传授过阅读法和记忆术。在我的学员中，认为标注时只使用两种颜色的笔更为简单的人占绝大多数。

所以，我建议你尽量使用简单的方法，既有助于记忆，又省事。

如何在书中画出重点

▸▸▸ 画出的内容不要超过全文的十分之一，而且只画词语

经常有人问我：“边读边画是不是好的阅读方法？”如上一节所述，使用彩色笔边读边画的话，可以有效提升阅读的

效果。

不过，若是画出的内容太多，几乎整页都被涂上了颜色，我们反倒不知道哪里才是重点，这就适得其反了。

如果想一边读一边画的话，我建议你这样做：

①只画出词语。

②画出的内容不要超过全文的十分之一。

③给画线的内容添加图画或标注。

只画出词语易于掌握关键词。

翻开书后，如果看到两页书近一半的内容都被画了出来，心里一定会生出绝望之感。所以，画线的内容一定要控制在全书内容的十分之一以内。

图画和标注是唤起记忆的“记忆钩”。图画之所以让人印象深刻，是因为它能够使所记的内容自行进入长期记忆。

例如，在明石家秋刀鱼[①]的旁边画一条秋刀鱼，肯定很容易记住这个名字。

当你回过头来再读一遍添加了图画或标注的画线内容时，便能进一步加深印象、强化记忆。你可以按照上文提到

① 明石家秋刀鱼：日本落语家、搞笑艺人、演员、主持人。——译者注

的三个建议，尝试对文字进行边读边画的工作，如下方文字所示。

这些政府债券与一般意义上的普通政府债券略有不同。普通政府债券的利率在发行时就已被固定，到期后归还本金。若在政府债券到期前出售，可能获利也可能受损。在目前这种利率极低的时期发行的低利率政府债券价值不大，因此未来债券利率上升或下降的可能性都极大。

然而，“个人浮动利率债券”的利率会受通货膨胀等因素的影响而上升，利息也会增加。换言之，由于这种债券的价值是自动增加的，所以价值下跌的话，也不会遭受太大的损失（但是，此债券在发行后一年之内不能解约。提前解约时，扣除前两期的利息作为违约金，因此本金会减少）。

另外，这种债券的最低利率被固定在0.05%，即使利率持续下跌，表面利率降至负数也完全不必担心。

那么，另一种政府债券——“指数挂钩债券”是什么呢？

这是一种到期时拿到手的金额取决于当时的物价指数的政府债券。因此，即便未来物价上涨，出现通货膨胀的情况，本金也会随之相应增加。所以，基本不需要担心通货膨胀的问题。

为什么要记住图片和图解

▶▶▶ 图片和图解能加深记忆

人们总会多看两眼有图片和图解的书。

一看到 peko 酱[①]的图片，你的脑海里便会浮现出“糖果”“蛋糕”“不二家”和“牛奶糖”吧？瞧，只是一张图片，就能唤起这么多记忆。这说明图解能够成倍地强化记忆。通过图解，我们能够在掌握概要、了解内容的展开顺序的同时，记住书中内容。

你听说过“PDCA 循环”吗？我用它作为图解的例子。

“PDCA 循环”是指按照 Plan（规划）—Do（执行）—Check（检查）—Act（处理）这个顺序重复循环，不断改进工作的管理框架，如图 2–4 所示。这一管理框架是从“规划”开始，按顺时针循环来不断改进工作的。

如果你能够画出图 2–4，并能够根据图 2–4 进行解释说明，那就说明这张图已经牢牢地刻在了你的脑海里。

---

① peko 酱：一个扎着两条小辫子、俏皮地伸出舌头的胖乎乎的小女孩形象，是日本老字号糕点店“不二家”的品牌形象。——译者注

因此，我建议你在阅读时多注意书中的图解，借助图解加深你对内容的记忆。

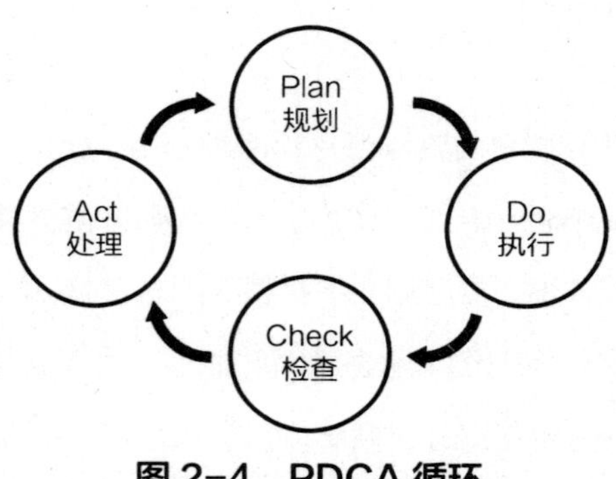

图 2-4 PDCA 循环

阅读初次接触的作者或新领域的书的诀窍是什么

▶▶▶ 短时间通读全书——15 分钟阅读法

你相信只用 15 分钟就可以掌握一本书的概要吗？

阅读初次接触的作者或领域的书时，我建议你使用“15

分钟阅读法”，即先用 15 分钟左右的时间通读全书。

用大概 15 分钟通读整本书后，你便可以掌握全书的概要。这样能大幅地提高你之后阅读这本书的速度以及对内容的理解程度。

浏览 2～3 行引起你注意的内容——图、照片、粗体字、画线内容、彩色字，然后跳过大概 10 页，再浏览 2～3 行。用这样的方式读完整本书后，你便能轻松掌握全书的概要。

用这样的方法“读完”整本书后，如果你的感觉是“没什么意思”“不感兴趣”“都是些老生常谈”，那就果断将这本书扔到一边吧；如果你觉得这本书“很实用”“很有意思”“还想再好好读读”的话，那就开始认真仔细地读吧。

读不懂的地方可以跳过去吗

▶▶▶ 不必一次读懂所有的内容

总有学员问我：“阅读时遇到不明白的地方真的不用重新读吗？置之不顾继续往下读真的没有问题吗？”

对这个问题的简单回答是“没有必要一次读懂所有内容”。你完全不必回过头去重读没有读懂的内容。假如你阅读从未接触过的领域的书时，每碰到一个不明白的术语就停下来，那根本不可能继续读下去。

要是你不确定自己遇到这种情况时应该怎么办，你可以参考以下标准：

- 假如你觉得“不弄明白这个词的意思，心里就总会惦记着，没有办法继续往下读”，那就去查一查这个词。
- 假如你不在意是否读得懂，而且继续往下读也丝毫不会对你的阅读造成影响，那就跳过去。这是最好的方法。
- 假如一个你不懂的词语不断出现，而且每次出现都会影响到你的阅读体验，那还是查一下比较好。

当然，具体怎样做还应视书的厚度而论，一章（20～30 页）中最多查 1～2 个词。假如查询的词过多，阅读被频繁打断，你很快就会产生厌倦情绪，不想再读下去了。

因此，阅读的时候，即使你有不明白的地方也不必担心，继续读下去。通过复习，你自会记住读过的内容。只有不过度追求完美，才能每日精进，不断增强记忆力。

怎样才能将阅读所得融入工作之中

▶▶▶ 带着自己的观点阅读让你与众不同

有一类书专门教人在具有挑战性的会议（如制订企业规划的会议、决定公司业务方针的会议等）上如何表现，在阅读这类书籍时有一个特殊的方法。

在阅读这类书籍时，仅仅记住书中的内容是远远不够的，因为大多数人都能记住书中的内容。所以，你除了要掌握别人能掌握的内容之外，还必须具有个人特色。因此，我建议你在阅读中要用自己的想法去对抗作者的观点。

换言之，与其单纯地把作者的话记在脑子里，不如边读边与作者论战。当你掌握了这个阅读方法后，你会发现自己不仅对阅读的内容印象深刻，还能把书中的内容活学活用到职场中。

使用这种阅读方法时，你需要留意以下三类内容：

①在阅读中引起你注意的内容。

②你觉得不知所云的内容。

③与自己观点不同的内容。

首先，你可以从引起你注意的内容中受到启发，萌生出以前从未有过的新想法，也可以发现新问题，产生新思路，甚至还可以从中找到和别人辩论时可以提的问题。

其次，假如你在阅读中发现自己不明白作者在说些什么，说明你缺乏对此类知识的了解。你可以认真地反复阅读这部分内容，并参考其他资料和书籍，直到完全理解作者的意思为止。

最后，当你读到与自己观点不同的内容时，你可以考虑一下自己为何持有与作者不同的观点，并收集能够证明自己观点的资料。

假如作者的观点与你的观点不同，但你读后情不自禁地从心底发出了“原来如此”的感叹，那就不妨接受作者的观点。

这样的阅读方法有助于你理清自己的思路，明确自己的观点。

如果你能在开会或汇报工作前，按照这个方法做足准备，那么你将脱颖而出，成为出类拔萃的人。

将内容要点录音后聆听有助于记忆

▶▶▶ 听录音可提高智商

快速记忆的方法之一，是将内容的要点录下来，然后反复聆听。

我建议你把书中的关键词写下来，然后把内容分类并用手机录音。在这里，我想提醒你不要录太多，否则容易出现分不出主次、抓不住重点的情况。我的建议是把录音的时间控制在 3 分钟左右。

“大声说出需要记忆的内容”这一行为能够有效地刺激大脑。它把只使用视觉的阅读方式转化为使用听觉，甚至使用触觉的“用手指着读，用耳朵听”的方式。像这样同时使用多种身体功能的做法可让大脑变得更为活跃。

有人声称：“听录音可以提高智商。”的确，听过一次录音后能更轻易地回想起你想记住的内容。

以提升孩子的记忆力为例，假设你是一位家长，你想增强孩子的记忆力，即便不录音，你和孩子的日常对话也能做到这一点。当孩子跟你说话时，你可以参考下面的例子。

孩子放学回家后，兴冲冲地对你说："我今天在学校的体育课上打篮球了。我跳得特别高，接住了对方的球！我把球传给朋友，他接到后投进了一个球！我太高兴了！"

你可以这样对孩子说："你能跳那么高啊，真让人高兴！和朋友一起进了一个球，真是太好了！"父母重复孩子说过的话，相当于将信息通过孩子的耳朵再次输入孩子的大脑，使孩子大脑中的记忆进一步得到加强。

除此之外，父母经常赞美孩子的行为，也能极大地提高孩子的自我认可度。孩子的自我认可度越高，情绪就越稳定。稳定的情绪是孩子学习时精力集中的前提。因此，赞扬的话对孩子来说尤为重要。

有些内容怎么也记不住该怎么办

▸▸▸"白纸复原法"很有用

当你需要把某些内容一字不差地记住的时候，你是不是特别希望自己的脑袋里有一部照相机？

在一张白纸上准确地写出自己必须记住的内容，这个方法就叫作“白纸复原法”。假如你能做到“白纸复原”，便说明你已经完美地记住了所有的内容。

当你必须一字不差地记住所有内容的时候，我建议你尝试一下“白纸复原法”。“白纸复原法”的精妙之处，在于它能让你清楚地知道自己没有记住的内容。换句话说就是，你写不出来的内容＝没有记住的内容。另外，你最好不只是尝试，而是要反复使用。“白纸复原法”带来的卓越成效一定会让你惊叹不已。

向他人转述有助于更准确地记忆

▶▶▶ 一旦需要转述，大脑便会全盘接受所读内容

阅读一本书时，你可以设想有一位朋友正好也对这本书感兴趣，等你读完这本书以后，需要把内容转述给他。在这样的设想之下阅读，你能记住更多的内容。一旦需要转述，你的大脑就会不容置疑地全盘接受所读的内容。

如果你想锻炼自己的脑力，就不能只凭借轻松的方法，还需要时不时地给自己的大脑施加一些压力。只要你有了需要把内容转述给他人的意识，你在阅读时就会朝“更好地理解”“能够清楚转述”的目标努力。这样读一遍能达到读两三遍的效果。

当你确定要将阅读的内容向他人转述，那么在阅读时，你需要注意以下三点：

①确定你要向谁转述。

②一边思考向 ××× 转述时应使用怎样的表述方式，一边阅读。

③一边阅读，一边设想对方可能提出的问题。

你在转述时使用的话语很可能改变书中内容的原意，因此你必须确保自己准确地记忆了书中的内容。也就是说，你要切记“忠于原文”的原则。

只有在心里有了向他人转述的意愿，你才能在阅读的同时，思考如何将所读内容清晰准确地表述出来。

面对“绝对要记住，绝对不能忘记”的内容，我强烈建议你尝试“向他人转述”的阅读方法。同时，你可以使用“阅读加小声读出关键词”的阅读方法，以及前文提到的在阅读的时候使用视觉、听觉和触觉的方法来加深记忆。

如何才能记得更牢

▶▶▶ 把记住的内容用 3 分钟向他人转述

假如你想巩固记忆，那么我建议你与同事或朋友花 3 分钟，谈论一下你想要记住的内容，然后根据他们的反馈审视自己的记忆情况。只要你不断地重复使用这个方法，就可以有效地巩固记忆，并加深对所读内容的理解。

没有人能就自己不甚理解的内容谈论 3 分钟的时间。当然，他也写不了 3 分钟。有时为了加强记忆，你可能会把自己理解得不够透彻的内容记在笔记本上，这时你会发现，写出这些内容根本花不了 3 分钟。

在向他人讲述你读过的书时，是不是有些内容你能够侃侃而谈，有些内容却讲得结结巴巴？当你和别人谈论某一话题时，对方就此话题向你提出了问题，你在回答这些问题的时候，会不会出现“我怎么开始语无伦次了”“这里本该用一句话就能解释清楚”“这个问题我好像没有回答到点子上”等情况？

只有用耳朵听自己说的话，才能知道自己究竟记住了多少。

这种方法和前文提到的“白纸复原法”一样，可以让你对自己没有记住的内容一目了然。一旦你清楚了自己哪些内容没有记住，便可以集中精力去记忆这些内容，这样你就能更有效率地学习。

当你向他人转述了自己读过的内容之后，对方会给你反馈：对你讲述的内容的看法，与此内容相关的新知识，哪些内容你需要讲述得更详尽，等等。这些反馈会牢固地印刻在你的记忆之中。可以说，向他人讲述自己记住的内容带来的好处巨大无比。因此，我强烈建议你试一试把记住的内容向他人转述 3 分钟这一省时且有效的方法。

● 记忆小窍门

三大关键物质让大脑更专注

大脑是人类的重要器官之一。如果你的肝脏不好，你还会大量饮酒吗？如果你大量饮酒的话，医生肯定会警告你吧？肝脏不好的人就应该注意饮食，少喝酒。同样，为了让大脑“愉快”地运转，我们也需要注意一些事情。

在人体内，用于阻止血液中的有害物质进入大脑的结构叫作血脑屏障。正常状态下，只有特定物质才能通过血脑屏障。能够通过血脑屏障的物质主要有水、氧气和葡萄糖。这些都是我们的大脑维持正常生命活动所必需的物质。

首先，我来说说水。我建议你喝含有矿物质的优质水。据说，水被摄入人体内一分钟后便能到达脑部。[①] 水不仅能快速到达大脑，也能快速进入身体的其他重要器官。因此，我们在学习时，需要给身体补充适量水分。在身体充满活力的状态下学习，才最有效率。

---

① 引自松下和弘所著的《最新矿泉水完全指南》，由 DAIWA 文库于 2008 年出版。——译者注

其次，我来说说氧气。摄入氧气的方式就是呼吸。人在注意力高度集中的时候，呼吸会不自觉地变弱。这也是为什么我们用创意放松法休息之前，总要先做一个深呼吸。我们在学习的时候，也应当多做深呼吸。氧气是我们的大脑必需的重要物质，而且不用花钱去买，所以我们一定要大口大口地尽情呼吸。我希望你在日常生活中也可以养成多做深呼吸的习惯，不只是学习的时候，工作和闲暇的时候也多做深呼吸，给你的大脑充分输送氧气。

最后，我再说说葡萄糖吧。我们身体中的葡萄糖主要来自我们摄入的碳水化合物。大米含有大量的碳水化合物，我建议你一定要大口大口地吃米饭，以确保摄取足够的葡萄糖。人们常说“吃糖对大脑好”，在经过长时间的脑力劳动之后，人总想吃一些甜食，这是身体需要糖分的表现。这时，一个很好的选择就是米饭，如饭团。饭团的热量只有蛋糕等甜点的一半甚至三分之一。假如你特别想吃甜点，我建议你选择大福、糯米团子或白玉善哉等日式甜点。日式甜点由和大米成分相似的糯米或米粉制成，所含有的脂肪比西式甜点少得多。

第 3 章

顺利通过考试的记忆诀窍

- 高分学霸的阅读秘籍是什么？
- 如何轻松记住 2 000 个考级单词？
- 到底该花多长时间复习？

学习前需要做什么准备

▸▸▸ 明确“入口”（现有的水平），设定“出口”（想要的结果）

我们在学习之前，需要做一些准备工作。也就是说，我们首先要让自己处于一个全新的状态（归零状态），然后明确自己的“入口”（现有的水平），并设定自己的“出口”（想要的结果）。

首先，我说明一下什么是“入口”。在开始学习之前，你需要清楚地了解自己的现有水平。以背英语单词为例，你的现有水平就是你目前已经掌握了多少个单词，是所有的单词都不会，需要从零开始呢，还是你有一定的基础，已经掌握了至少 30% 的单词？

有很多方法都可以帮助你了解自己的现有水平。如果你要准备资格考试的话，那么做做往年的试题或参加模拟考试不失为一个好办法。这样做既能帮你摸清你的现有水平，又能让你客观地了解自己哪些内容掌握得比较好，哪些内容需要加强。

其次，我说明一下什么是“出口”。我还是以准备资格考试为例，资格考试的出口（想要的结果）即“通过”。当然，在其他情况下，“出口”还可以是成功地汇报工作、提交出色的报告等目标。“出口”不同，学习的内容和时间安排也会相应发生改变。

我经常给学员们的建议是，资格考试的目标设定应比预期合格线高出 0.3 倍。这样一来，即使考试的时候你因为身体不适而发挥失常，或者因为粗心答错了题，也能够顺利通过考试。更重要的是，高出预期的目标能让你心里有一种“已经尽力了，不管发生什么都没有问题”的安全感。

所以，在开始学习之前，你需要牢记两件事：一是在归零的状态下清楚地了解自己的现有水平，二是给自己设定一个明确的目标。做好这两件事有助于你明确自己需要学习的内容和时长，并能帮你高效管理接下来的学习。在接下来的章节中，我将对以上这两件事做详细的介绍。

防止半途而废的秘诀是什么

▸▸▸ 在制订学习计划时，多留出几天时间

在确定了“入口”和“出口”之后，接下来你需要做的就是纵观全局。只有做到纵观全局，你才能明白自己“需要采取什么样的行动”“应当遵循什么样的步骤”。

还是以准备资格考试为例，我建议你在考前对需要学习什么内容、什么时候必须完成哪些学习内容有一个大致的计划，并把这个学习计划写在日历上。

假如你想在最短的时间内获得最好的学习效果，就不能浪费时间。因此，你绝不能毫无计划地盲目学习。你必须提前安排好时间，做好周密的计划，并且画出一份直通目的地的地图，如图 3–1 所示。这一点至关重要。

明确了自己的入口（现有的水平）和出口（想要的结果）后，以下几点就会一目了然：

- 你没有掌握的内容。
- 你必须掌握的内容。
- 你已经掌握的内容。
- 你需要的学习时间。

假如你离考试或截止日期只有一周的时间，那么我建议你制订一个详细的计划，详细列出自己每天需要完成的任务。

时间一旦不够用，人就会变得焦虑不安，无法静下心来学习。但如果你制订了一个周密的计划，你就可以对自己说“今天学完这些就可以了”“只要明天完成这些就没问题”，你内心的紧张情绪会得到缓解，制订的学习计划也能够一天一天顺利地进行下去。

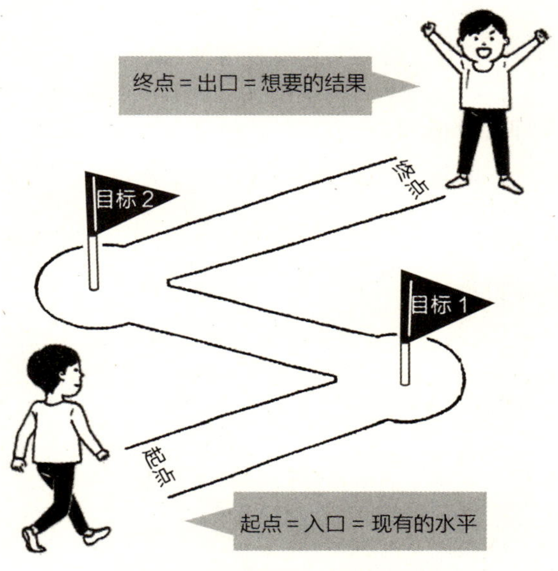

图 3-1　直通目的地的地图

制订计划时，你可以多留出几天时间备用，以防你因为感冒或突然有亟须处理的工作等打乱已经做好的安排，导致学习计划不能按时完成。如果你把时间安排得过于紧凑，没有预留出备用的时间，那很可能会导致你半途而废。

在备考时间较长（如高考）的情况下，你最好先翻一翻如何制订学习计划的书籍，或听一听已经通过考试的人的建议，再制订计划。这样能让你获得更好的学习效果。

另外，假如你一分一秒都不想浪费，那么我建议你写下在整个学习阶段“绝对不做的事情”，如：

- 长时间看电视。
- 加班。
- 上网。
- 刷手机。
- 在家喝酒。
- 出去和朋友喝酒。

另外，我建议你把通勤的时间也利用起来。

在我的学员中，大多数取得优异成绩的人都不爱凑热闹，也不会无所事事地晃来晃去，更不做无用的事。

时间紧迫的时候，你一定要提醒自己：不要去做上面列出的“绝对不做的事情”。

考试合格者的秘诀是什么

▶▶▶ 明确“愉快”的价值

“考过了，太棒了！”“坐在桌前学习真是一种享受！”对有这样想法的人来说，准备资格考试可谓人生一大乐事。可是，对那些无法从学习中找到乐趣的人来说，只要往桌子前面一坐，他们便顿觉痛苦不堪。

如前文所述，大脑若感受不到愉悦的感觉，则无法运转。你只有清楚地知道了通过考试后能够获得怎样的好处，想象自己那时高兴的心情，才能下定决心好好努力。

以准备资格考试为例，等你考试合格后，能得到哪些只是想想就让你兴奋不已的好处？比如，“一旦通过考试，事业、收入双丰收！”“如果通过了这个会计考试，就能在××行业大展宏图！”当你的脑海中浮现出这些好处时，你的脸上一定会自然而然地露出笑容。你不必把自己心里的想法告诉别人，也不需要别人评判，因此你可以任由自己的想象自由飞翔。假如你心里的想法不能让你兴奋，也不能让你的脸上绽开笑容，那说明你并没有完全展开想象的翅膀，大胆设想你在成功之后的美好。

从成功人士身上取经，总能获得意想不到的宝贵经验。向已经通过考试的人了解一下他们是如何备考的，也能让你打起精神来学习。

我认识很多在短时间内通过高难度资格考试（如律师资格考试、心理咨询师资格考试）的人。他们中的大多数人，在备考时都想象过自己考试合格后的美好人生，为了梦想成真，他们都下决心一定要通过考试。同时，他们也给自己规定了通过考试的期限。他们坚决的态度和努力至今还让我记忆犹新。

另外，他们还有一个共同的特点，就是每个人都是秉着“最后一跃”的决心去奋力搏击的。与此相反，很多没有通过考试的人也有一个共性：复习时仅关注看书本身，没能清晰准确地记住学习内容。说实话，这样学习不过是浪费时间而已。

“知道”和“记住”有何差异

▶▶▶ 知道＝明白，记住＝重述

“知道”和“记住”的意思有明显的差异。

“知道”指你被书中的内容说服，阅读的时候一边说着“哦，哦”，一边点头称是。而只有在你能够回想起读过的内容时，这些内容才算是“被记住”了。因此，“记住”是指你可以重述内容。

当你准备资格考试时，仅仅知道内容是不够的。因为知道只能让你应付一些非常简单的选择题，却不足以回答论述题。论述题，顾名思义，是指你在回答时需要论述的题目，如不能就论点展开论述则不能得分。这就像写汉字一样，假如不清楚笔画的横钩竖提，就写不对汉字。

在我所知道的很多失败案例中，大多数人都是因为仅仅知道内容而不能重述内容才没有通过考试。比如，有人在考前觉得“应该不会那么难吧”，结果上了考场后发现题目比预料中的难，就方寸大乱，最终考得一塌糊涂。

能够写出来＝记住。上述例子中的这个人就是只知道内容，但没能做到重述内容。一旦遇到难度较大的题目，他自然会考砸。

只有当你能把读过的内容脱稿讲出来或者写下来时，才说明你真的记住了。假如不能流利地讲出，或者讲述的时候磕磕巴巴，书写的过程中也不断停笔，就说明你并没有完全理解这部分内容。打开书似乎什么都懂，但合上书就什么都不清楚。假如你做不到什么也不看地重述内容，就说明你复习得还不够好，还没有达到能够通过考试的水平。

因此，我建议你把学过的内容流利地讲给自己听，并为达到这一目标高效地学习。

那么，怎样才能达到流利地讲给自己听这一目标呢？你在复习的时候，最好把所学的内容试着讲出来或写下来。比如，你在复习了三角函数 sin、cos 和 tan 等相关的公式后，就试着一个一个画出公式图，边画边向自己解释每个公式表示的意思。假如你根本画不出公式图或不能解释，就说明你没有把公式理解透彻；假如你只能画出一半公式或解释一半内容，那么你就需要重新复习自己没能画出的公式和不会解释的内容。

考试的难度越高，就越需要你能够清晰准确地把重点内容讲给自己听。

视觉、听觉倾向不同，学习方法不同

▶▶▶ 视觉倾向的人使用图像，听觉倾向的人使用声音

有些人善于记住看到的图像、设计图案等视觉信息，而有些人善于记住听到的声音等听觉信息。所以，有视觉倾向的人和有听觉倾向的人所使用的学习方法是不同的。

假如你是视觉倾向的人，那么我建议你使用下面的学习方法：

- 把书中的某些内容绘制成图。
- 尝试根据书中的内容画简单的插图。
- 用涂色的方式强调书中的重点内容。（如果你是一位家长，而你的孩子是视觉倾向的人，你可以给孩子买喜欢的彩笔，让孩子在书中涂涂画画。）
- 记住书中的图。

假如你是听觉倾向的人，那么我建议你使用下面的学习方法：

- 朗读重点内容。（如果你是一位家长，而你的孩子是听觉倾

向的人，你可以和孩子一起把重点内容改编成歌曲，然后大声唱出来。）

- 把重要内容录下来听。
- 收听有声书。

你是视觉倾向的人还是听觉倾向的人呢？来测试一下吧。

你在哪一类里选择的选项更多，就说明你是哪一倾向的人。

→视觉倾向

□ 你常把“你看，你看”挂在嘴边。

□ 在买衣服时，你更关注衣服的颜色。

□ 你会被美丽的风景治愈。

□ 当你回想起某件事时，脑海中浮现出的多是地点、景色、颜色等。

□ 你认为人的形象很重要。

□ 你能清楚地记住见过一次的景色或走过一次的路。

→ 听觉倾向

- □ 你常把“你听，你听”挂在嘴边。
- □ 只听一遍，你就能轻松地记住歌曲的歌词或旋律。
- □ 你擅长倾听他人的意见。
- □ 你的英语发音很好。
- □ 当你回想起某件事时，脑海中浮现出的多是声音、别人说过的话、语调或音量。
- □ 你能清楚地记住别人说过的话。

完全读不懂书中的内容该怎么办

▸▸▸ 不知书中所云时，去读入门级的书

阅读从未接触过的技术类或某一专业领域的书籍，就像穿着正装爬富士山一样艰难。众所周知，几乎没有人能穿着

皮鞋爬富士山。爬山不仅需要有爬山的装备，还必须在爬山前做好一系列的准备工作。当我们阅读一本书时，要做的准备工作就是理解书中出现的术语的意思。

在阅读专业书籍时，我建议你先读大约 10 页的内容，看自己能读懂多少。假如你完全读不懂，那你最好先去读一本相关内容的入门书籍，它是你阅读需要的“装备”。假如你能理解 50% 的内容，那你就可以继续读下去。另外，如果书中反复出现某些术语，而你又不理解它们的意思，那么你最好去查一查。

在选择入门级的书时，你可以选择一本你觉得最容易阅读的书。假如你选择了一本过于晦涩的书，你很可能在阅读的过程中产生挫折感，从而丧失读下去的信心。

阅读入门级的书，有略读和细读两种阅读方法。略读是指只读懂字面意思的浏览；细读是指细致地阅读，彻底理解书中的内容。

假如你只想了解一下书中的重点知识，或者只想听懂对方说的是什么，并且能随声附和就可以，那么我建议你使用略读的方式。

假如你阅读的书籍内容与你的工作或学习有关，且这一工作或学习要花费你半年甚至一年以上的时间，那你就需要采用细读的方式。

另外，假如你需要与他人详细讨论书中的内容，或者你在仔细询问他人的需求时需要用到书中的知识，那么细读也不失为一种极为有效的阅读方法。

如何阅读专业书籍

▸▸▸ 分三个阶段，明确每一阶段的阅读目的

在阅读专业书籍时，我们经常会遇到很多看不懂的专业术语。如果我遇到这种情况，我通常会分以下三个阶段来阅读该书。

第一阶段：虽然书中有很多内容我都不甚理解，但我还是一目十行地通读整本书。

在这一阶段，不必期待自己能够理解书的内容。之所以这样说，是因为理解内容的基础是知晓文中词语的含义。因此，在这一阶段不理解所读的内容不足为奇。

在阅读时，你的内心一定会产生排斥感，如“好多晦涩难懂的字词啊”“全是专业术语啊”“怎么每段的最后都有一句小结啊”等，但不用去理睬。你先把书通读一遍，大致了解整本书的概要即可。

第二阶段：阅读我最感兴趣的章节。

专业书籍中涉及太多我们不了解的专业知识，因此在第二阶段，你只需要阅读一章自己感兴趣的内容就好。这样做的目的是让我们的眼睛习惯阅读全新领域的内容。等眼睛习惯了，第三阶段的阅读自然会非常顺利。

注意，如果一本书的内容是按照一定的故事情节的展开而逐层推进的，你必须从第一章开始按顺序往下读，否则就读不懂书中的内容。

在第二阶段，你还需要顾及一下读不懂的词语，遇到它们时可以查查字典。

第三阶段：在完全理解字句意思的状态下阅读。

以上三个阶段的阅读目的分别是：

第一阶段：知道有这么一个领域。

第二阶段：掌握一些与该领域相关的知识。

第三阶段：成为该领域的专家。

我建议你在阅读一本书之前，思考一下自己的阅读目的属于以上三个阶段中的哪一阶段。

切记，只有在明确了阅读目的的前提下开始阅读，你才不会浪费时间。

如何将辅导书“据为己有”

▶▶▶ 添加图标或绘图，渲染自己的色彩

很多案例表明，将辅导书和习题集“据为己有”有助于增强记忆力。

“据为己有”指反复阅读一本书，并让书一点儿一点儿“染上你自己的颜色”。

当你将一本书“据为己有”以后，你的内心会产生安全感：“反反复复看了那么多遍，一定没有问题”“这本书已经烂熟于心，考试的时候肯定全能想起来”。安全感可以让你轻松自如地面对考试。我听到的很多经验之谈，都提到过类似“相较于紧张不安，轻松自如的状态更容易通过考试”的

说法。

将辅导书“据为己有”的方法如下：

- 在重要的内容下画线。
- 在出现三次以上的关键词旁标注星号。
- 用喜欢的颜色画出重点内容。
- 添加与内容相符的图解。
- 反复阅读。
- 喷上喜欢的香水。

只要你使用了这些方法，在你翻开书的一瞬间，喜爱之情就会从心底油然而生，你不禁会在心里感叹：“啊，这是我的书!”很多通过了高难度考试的人都在习题集和教科书的空白处添加过与内容相符的简单图解。这样做不仅能加速记忆，更能让人内心产生“这是只属于我的书”的喜爱之情。

假如你从童年时期或学生时代起就养成了在课本上写写画画的习惯，那么你对课本的喜爱会转移到课程本身上来。试着给书“染上”你喜欢的颜色，把书读成“你自己的书”吧。

如何轻松记住 2 000 个英语考级单词

▶▶▶ 只需做到三点就可以

记忆英语考级的词汇是有诀窍的。只要你掌握了诀窍，就能轻松地记住 2 000 个单词。下面向你介绍三个诀窍。

第一个诀窍：在记忆时，你需要做到写、读、听并进。

不只是英语单词，在你记忆任何一门语言的单词或专业术语时都可以使用这个方法，并且要反复使用。这样一来，需要记忆的内容就会自然而然地刻在你的脑海里。比如，当你记忆 water 这个单词时，你可以一边写下 water，一边出声说“water，水”，并且一遍又一遍地重复。

第二个诀窍：分割长词。

比如，你可以把 subcontracting（分包）这个单词分割为 sub、contract 和 ing；把 kindness（和善）分割为 kind 和 ness，并注明 ness 为名词后缀。分割长词的方法可以将单词简单化。

第三个诀窍：标注词语中容易出错的地方。

比如，support 这个单词里有两个 p。我建议你一边大声说出容易出错的地方，一边集中注意力写出单词。用这样的方法记单词，不仅简单，而且能记得更加准确。

只要你做到了以上三点，就能轻松掌握英语考级的单词。

记不住数字怎么办

▸▸▸ 利用节奏、双关和谐音，反复地大声读

当我们记忆没有任何含义的内容时，很容易进入一种“只是在读而已”的状态。

研究表明，人一般只能记住一串毫无意义的数字中的前七位，最多前九位。但是，很多人感觉自己连五位数都记不住。

记数字的时候，我建议你尝试利用节奏、双关和谐音来记，并且大声地重复。你在大声读的同时最好也用笔写，如前文所述，边读边写有助于记忆。

比如，你可以用谐音来记忆 68035 这串数字。68035 的

谐音为“老婆！哦！产后！”[①]

就算你根据谐音写出的语句毫无逻辑，只要你知道自己在说什么就可以。六位数以上的数字较长，我建议你先把数字分段，再找出各段数字对应的谐音进行记忆。生搬硬套也无妨，利用谐音写出的内容最好能让你在脑海中浮现出生动的画面，这样更有助于记忆。

下面是一些我利用谐音记电话号码的例子，供你参考：

- **24-8846 谐音为“西先生，牙齿真白”**[②]。

在我的脑海里，浮现出我的一位被称作“西先生”的朋友，他正咧开嘴露出白白的牙齿笑。

- **82-1150 谐音为“对牙有好处”。**
- **3686-1847 谐音为“三郎八郎，真讨厌”。**
- **8130141 可分解为 813 和 0141，谐音为“万岁，太好吃啦”。**

---

① 日语中“68”和“老婆”发音相同；“0”和“哦”发音相同；“35”和“产后”发音相同。——译者注

② 日语中“西”与“24”发音相同；“牙齿”与“8”发音相同；“白”与“46”发音相同。本节的其他例子均利用了数字与日文发音的谐音。——译者注

这时，我会想象一个打扮得像冲绳人的朋友说着“万岁，太好吃啦”的样子。

- 569637 可分解为 569 和 637，谐音为“五郎君，姆明[①]哪”。

日本的国土面积为 377 972.28 平方千米，只看数字的话，怎么看它们都毫无规律可循。如果你想记住它们，我建议你用想象这串数字摇头晃脑地唱着“大家不要哭，笑一笑”的样子来记忆。

利用谐音的好处是可以把没有画面感的数字转化为图像和声音。如此一来，你在记忆的时候，不仅使用了视觉，也使用了听觉。使用的感官越多，把记忆从大脑中唤起的途径就越多。因此，我建议你不要单纯地死记硬背一串数字，利用数字的谐音进行记忆可以记得更牢。

你可能觉得上面的这些建议听上去像是骗孩子的把戏，可是很多记忆力超强的人都在使用这个简单的方法。所以，你也一定要试一试。

---

① 姆明是一个形似河马的卡通形象。作者利用姆明的谐音来记忆人名，也许是因为五郎君的样貌与姆明相似。——编者注

到底该花多长时间复习

▸▸▸ 推进学习至关重要，复习时间占总学习时间的 10% 即可

复习的目的是巩固记忆，你不需要花大量的时间进行复习。假如你在已经学过一遍的内容上花费了太多的时间，那么你就很难推进学习的进程。

尤其是在准备资格考试的时候，最重要的事情是“纵观全局”。因此，我建议你不要把大量的时间只花费在一部分内容上。你必须不断地推进学习的进程，只有掌握了一本书的概要，你才能有效地巩固自己的记忆。

假如你因为记不住而一遍又一遍地复习相同的内容，你大脑的运转速度就会逐渐变慢。另外，学习总是停滞不前也会给你造成压力，让你渐渐失去继续学下去的兴趣。因此，即便你没有记住所有的内容，也要继续学下去。这样，你才有充足的时间回顾整本书的内容。

一小时的学习内容，你只需复习 5 分钟。我建议你在复

习的时候只看加黑字体的内容，以及公式、图表等。等你多次复习后，自然会牢牢地记住所有的内容。

太过于追求完美，反而无法顺利向前推进学习的进程。因此，在你读完整本书之前，我建议你每天拿出一点儿时间浏览全书的重点内容。读完整本书之后，你可以再反复重温全书的重点内容。

如何利用空闲时间学习

▸▸▸ 回想重要的关键词

我有很多利用空闲时间复习的方法。

假如你正好有一点儿空闲时间，但只能用来看书，不能写字，那你可以回忆关键词和与其相关的内容，在头脑中复习。比如，当你看到 win 这个词时，你可以想一想这个词是什么意思，书中是如何解释这个词的，然后试着把书中的解释重述出来。

假如你在空闲时间里恰巧既不能写字也没有带书，那么我建议你试着回忆一下涉及书中内容的重要关键词。

你可以用向自己提问的方式开始，比如："昨天读的那一页内容的关键词是什么？"对于只读了两三遍的内容，你不可能很流利地说出关键词。但是，一旦你发现"啊，这里没有记住"，你的大脑马上会产生"想知道"的欲望。这是人类的本能，人类也正因为具有这一本能，才能不断地巩固记忆。

假如你觉得自己不坐在桌子前学习，就什么都记不起来，那也没有关系，只要你利用空闲时间多次重复上面的方法，很快你就会发现，自己即使不坐在桌子前，也能记起越来越多的东西。

反复回忆是强化记忆的手段之一。我经常把自己记不住的内容以语音或文字的形式通过手机短信发给自己，然后用读短信的方式进行复习。

假如我把记不住的内容写在笔记本上，过后很可能连翻都不翻一下。而用短信发给自己的话，我就肯定会读。所以，我建议你也试一试这个方法。

临阵磨枪不可取

▶▶▶ 停止填鸭式学习

很多人都喜欢在考试前“临阵磨枪”。但是，如果在最后关头才把新的知识硬塞进脑袋，你就会觉得“这个记不住，那个也记不住”，于是心里恐慌得不知如何是好，变得越来越焦躁。人越是焦躁，越是什么都记不住，甚至很可能会把已经记住的东西也忘得一干二净。你是不是也有过这种恶性循环的经历？

因此，我建议你放弃“临阵磨枪”的做法。为了让你的大脑和身体能在一个良好的状态下迎接考试，考前你必须保证充足的睡眠。至于睡几个小时算睡眠充足因人而异，有些人睡够需要 6 小时，否则起床后会头晕目眩；而有些人则需要睡足 8 小时才能保证第二天精力充沛。

为了确保足够的睡眠时间，我建议你在考前一周左右制订一个到考试前一天为止的学习计划。在计划中，你需要标明“需要牢记的内容”“掌握得不够好，到考前都需要一直重点复习的内容”。这样做能保证你在考试的时候保持头脑冷静和心态放松。

以下是考前的注意事项：

- 不要记新的内容（只复习即可）。
- 考试前一周，制订一个到考试前一天为止的学习计划。
- 保证充足的睡眠，确保在考试当天身心处于最佳状态。

许多人在考试前没有恶补也通过了考试，所以你就不要再使用填鸭式的学习方法了。

为何必须保证 6 到 7 个半小时的睡眠时间

▸▸▸ 缓解身体疲劳，整理大脑中的记忆

睡眠不仅能缓解身体的疲劳，还能稳定情绪。

睡眠可分为非快速眼动睡眠和快速眼动睡眠。

筑波大学国际综合睡眠医学研究所的教授林悠的研究表明，非快速眼动睡眠（深睡眠）和快速眼动睡眠（浅睡眠）与大脑的记忆密切相关。

身体与大脑同时进入休息状态的非快速眼动睡眠期间产生的脑电波可促使记忆形成，并能恢复大脑功能。身体处于睡眠状态，而大脑接近清醒状态的快速眼动睡眠期间，大脑中的记忆可以得到巩固。因此，对于大脑的记忆来说，睡眠与学习同等重要。

一般来说，非快速眼动睡眠和快速眼动睡眠的交替周期为 90 分钟，如图 3–2 所示。因此，最佳的睡眠时间为 90 分钟的倍数。虽然每个人的情况不尽相同，但一般来说，最佳睡眠时间为 6 到 7 个半小时。假如你经常因睡眠不足而感到精神疲惫，不妨尝试连续一个星期每天睡足 7 个半小时。然后，对比一下自己在这个星期与之前的精神状态。

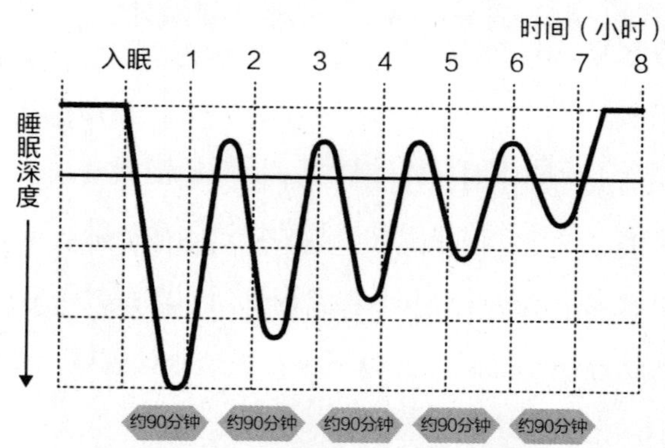

图 3–2　非快速眼动睡眠与快速眼动睡眠的交替周期

只有当你的身体处于一个良好的状态时，你的思维才能更加活跃，你也才能高效率地工作。假如你很快地处理完工作，节省出一些时间，你可以用这些时间补充睡眠。如果你在非常疲惫的情况下，还要占用睡眠时间来学习的话，那你的学习根本毫无效率可言。当你心情沉闷的时候，好好地睡一觉也是彻底转换心情的好方法。

何时复习效果最佳

▶▶▶ 睡前复习，第二天起床后再看一遍

重复复习能达到最佳的记忆效果。那么，什么时候复习最有效呢？

最有效的复习时间是睡前和第二天清晨。

睡觉前复习，可以让短期记忆在睡眠期间转化为长期记忆。因此，我建议你在睡觉前看一遍要复习的内容的关键词，只需花 10 分钟快速浏览一遍即可。第二天起床后，再复习一遍，看看自己记住了哪些内容，忘记了哪些内容。

根据很多人的经验之谈，如果第二天早晨把忘记的内容再巩固一遍，学习效果会直线提升。所以，你不妨试一试这个方法。

睡眠可给予大脑充分的休息。大脑是人体的重要器官之一，休息对大脑来说非常重要。熬夜学习无异于强迫处于疲惫状态的大脑持续运转，结果只能是花费了大量的时间，却不能如愿以偿地记住学习内容。

随着考试日期的逼近，很多人会选择熬夜学习。除非你是个夜猫子，否则挑灯夜战的做法很可能适得其反。我的建议是，你在保证充足睡眠的前提下，第二天早起学习。

早起学习不仅可以缓解疲劳，还能促使大脑进入更活跃的状态。

不过，你最好不要连续学习 3 小时以上。因为这样的话，就算是在大脑活跃的最佳学习时机，你也会陷入疲惫，接下来一整天都学习不好。

在我看来，早起学习的时间不能早于凌晨四点，而且学习时应当张弛有度。我建议你先尝试连续几天每天早起学习，如果你觉得不那么吃力，最好一直坚持下去，养成早起学习的习惯。

如何记忆自己不擅长的内容

▸▸▸ 准备一些让自己情绪高涨的东西

当你硬着头皮学自己不擅长的东西时，是不是一翻开书就顿觉痛苦不堪？这种时候，你可以为自己创造一个愉悦的环境。

你可以试着准备一些令你情绪高涨、心情愉悦的好东西，把打开书时的痛苦转变为喜悦。比如，买一些有趣的贴纸，贴在书中的重要内容处；用你喜欢的记号笔画线标记；在书的空白处随心所欲地画一些与内容相关的插图；等等。画图时，最好使用一些艳丽的色彩，这能让你的心情变得欢畅起来。我建议你主动积极地在自己不擅长的内容中加入有趣、明朗、欢快的元素，这些元素都能有助于你记忆。

不能触动心灵的事物犹如流水无痕，无法在脑海中留下印象。比如，你参加同学聚会的时候，当年在学校里没有给你留下什么印象的同学，你可能连名字都想不起来。可若是你当年暗恋的或很要好的同学的名字，你肯定能脱口而出吧？

我们在学习时的记忆也是如此，你不用花很多时间便能牢牢记住的是那些打动你的内心、令你振奋的内容。所以，去准备一些能让你情绪高涨的东西，把你手中的书装饰起来吧。

哪句话能让自己立刻专心学习

▸▸▸ 实现愿望的话语非常有效

“我很想学习，可是很难集中精力!”“怎样才能让我有学习的动力呢?”经常有人询问我这样的问题。

控制自己的思想难如登天。正因如此，在学习时，你必须刻意地提醒自己：一定要排除干扰因素，调整好自己的状态。假如你精神涣散，则无法专注学习。因此，以怎样的状态开始学习至关重要。

大声地说出宣言能快速、有效地集中注意力。不论你的生活多么忙乱，一旦要开始学习，你就可以郑重其事地大声说：“我要把今天的学习内容全部记住。”学习结束的时候，你也可以大声说："我会永远记住今天学习的内容，任何时候我都可以想起来。"假如你想立即进入一种专注的状态，可以对自己说一些积极肯定的话语，并将其作为你的誓愿。

人一旦有了担心的事情，常常会不停地对自己说"别想了，别想了"，试图以此来消除内心的焦虑。可是，尽管你想方设法排除焦虑，还是抑制不住内心的慌乱，还是会不由自主地担心。在这种时候，我建议你写下自己的誓愿，并大声地读出来。这个方法能帮你迅速摆脱烦恼，进入学习状态。

我认识的一位男性朋友想考取资格证书，于是他把自己的誓愿写下来贴在了墙上。每次开始学习前和学习结束后，他都会大声地诵读自己的誓愿。誓愿可长可短，如下面的例子。

● 学习开始时的誓愿

→ 较长的例子

"取得这个资格证后，我就能够专业地接待更多的客户。专业且过硬的知识储备既能让我得到客户的肯定，又能涨薪。我一定会变得更加自信。我的家人一定会以我为荣！为了这一切，我必须专心学习。我要把所有的学习内容都牢牢记住。"

→ 简短的例子

“全都要记住。”

“往死里记。”

● 学习结束时的誓愿

→ 较长的例子

“今天学过的内容全都记住了。考试的时候、需要用的时候，我肯定能马上想起来。今天的学习必定学有所得，收获巨大。”

→ 简短的例子

“随时可以想起来，放心吧。”

“我更专业了。”

我建议你也试着用已然梦想成真的口吻，把你心中的愿望用喜欢的话语写下来。等你养成了这个习惯，就会惊喜地发现每次当你一说出自己的誓愿，你的大脑就像被按下了启动按钮，你的记忆效率将得到很大提升。

● 记忆小窍门

房间越乱，记忆力越差

有理论称，一个人房间的状态等同于其大脑的状态。也就是说，若一个人的头脑混乱，那他的房间便凌乱不堪。

假如你总是把文件和其他东西胡乱地堆放在一起，那么等你要用某一份文件的时候，常常需要找很长时间。不注重整理的人总是因凌乱无序吃尽苦头，而且不善于整理会让你浪费大量时间。

整理能带给你很多好处。假如你不善于整理衣服，把内衣、外套和长裤全部混放在一起，那么等你想穿某条长裤的时候，就会翻来翻去找很长时间。可是，如果你把长裤放在一个抽屉里，内衣放在另一个抽屉里的话，就不必花费大量时间翻找。也就是说，整理的目的在于让你清楚地知道什么东西放在什么地方，你需要的时候马上就能找到。

记忆也是如此。有的人买了很多辅导书，却根本不知道哪些内容在哪本书中的哪一页。而且，每一本辅导书他都只读了一半。

这也做做，那也做做，做事没有条理的人大多不善于整理房间，他们的大脑很可能就是一团糨糊。

记忆力好是指头脑清晰有条理，随时能想起记住的东西。

假如你觉得自己不会整理房间，而且记忆力也不好，那么我建议你先收拾一下房间。哪怕只是收拾一下书桌，你就会看到改变。你在收拾的时候，可以把自己真正需要的东西留下，把不用的东西都收起来或者扔掉。假如你买了很多辅导书，可是每本书都只读了一半，那么我建议你干脆扔掉几本吧。如果你有孩子的话，让孩子自己收拾房间也是一个培养其大脑条理性的好方法。

等你把目之所及的地方都收拾整齐了，大脑的思绪也就清晰了。

第 4 章

快速掌握全部内容的影像阅读法

- 什么是影像阅读法?
- 影像阅读法难学吗?
- 什么人适合学习影像阅读法?

什么是影像阅读法

▶▶▶ 像把书中的内容拍成照片放入脑海那样的阅读方法

在前三章中，我们讨论了记忆的特点，如何阅读才不会忘记，以及准备资格考试的记忆技巧。在本章中，我将为你们介绍“影像阅读法”。该阅读方法非常适用于“时间紧迫”和“在短时间内速战速决”的情况。

影像阅读法是神经语言程序学（Neuro-Linguistic Programming, NLP）及加速学习领域的权威保罗·R. 席利（Paul R.Scheele）于 1985 年在美国研发的一种速读法，是一种激活大脑高级图像信息处理能力的阅读方法。

目前，全世界累计有超过 35 个国家的约 100 万人在学习影像阅读法。该阅读方法亦被美国运通、苹果、3M、IBM

等公司引入，在商界广泛使用。席利的著作《10 倍速影阅读法》（*The Photoreading Whole Mind System*）曾在日本跃居畅销书榜首。据说，日本国内学习此阅读方法的人超过了 4 万。

影像阅读法可以让你将书中的内容“拍成照片”，然后输送到你的潜意识之中，这也是该阅读法被称为“影像阅读法”的原因。潜意识与长期记忆密切相关，你阅读的内容一旦成为影像，就会被储存在你的长期记忆之中。

人在看图画和照片时，会自然使用“摄像焦点”的用眼方式观看。使用该方式观看时，人的目光与阅读文字时的目光不同，视线并不是聚焦在文字上。影像阅读法正是利用人类这一“摄像焦点”的特点，将阅读内容转化为图片输入长期记忆。

一边使用摄像焦点的用眼方式，一边快速翻阅书籍的行为与其说是阅读文字，不如说是向大脑输入阅读内容的图片。这一阅读方法能将阅读的内容一字不落地储存在长期记忆之中，因此记忆也就更加持久与牢固。

传统的学习方法一直致力于把短期记忆转为长期记忆，这一转换过程让很多人吃尽了苦头。然而，影像阅读法却是将阅读内容直接储存在长期记忆之中，因此使用该阅读法获得的记忆效果显而易见。

什么人适合学习影像阅读法

▸▸▸ 诚实且具有挑战精神的人

影像阅读法是一种全新的阅读及信息处理方法，与为了拿高分而死记硬背的传统学习方法迥然不同。因此，我只能把这一阅读法推荐给愿意“尝试新鲜事物”的人。

该阅读方法既适用于语言学习，也适用于备考各种资格认证考试，比如司法考试、IT 考试。在学习大学入学考试中的某些科目（如历史）时，你也不妨一试。

适合影像阅读法的人：

- 诚实的人。
- 具有挑战精神的人。
- 思考方式灵活的人。
- 喜欢新鲜事物的人。
- 想在短时间内学有所成的人。
- 忙碌的人。
- 抱有“不管怎样先试试看”的态度的人。

不适合影像阅读法的人：

- 故步自封的人。
- 过于追求完美的人。
- 思想顽固的人。
- 对新事物持高度怀疑态度的人。
- 必须逐字逐句阅读的人。
- 没有特定的学习目标的人。

影像阅读法难学吗

▶▶▶ 只需遵循五个步骤即可轻松掌握

影像阅读法由以下五个步骤构成。

①准备

即设定阅读某一本书的目的。

②预习

即快速浏览目录，确定你是否想阅读该书。

③影像阅读

即把书里的一整页内容作为图片输入长期记忆。

④复习

即提出问题，将你的阅读目的进一步具体化。

⑤活化

即在书中找到步骤④中提出的问题的答案，仔细阅读并理解。此时，你使用的是“摄像焦点”的用眼方式，而并非阅读文字。

只要你遵循以上五个步骤，你就能在一小时之内读完一本书，并能将书中的内容长久牢固地记住。

如何进入摄像焦点状态

▸▸▸ 视线的焦点从文字移开，使文字看上去模糊不清

在本节中，我将说明进入摄像焦点状态的方法。

你需要先准备一个可以把视线聚焦在上面的东西，比如，插在花瓶里的花，或者一个塑料瓶。把准备好的东西放在桌子上，然后进行以下两个步骤：

①看着花瓶里的花。然后，把书放在眼睛和花瓶之间。

②把书翻开拿在手里，从书的上方看花瓶里的花。

因为你的视线焦点不在书上，所以书中的文字看上去应该是模糊不清的。如果书中的文字模糊不清，说明你已经正确地进入了摄像焦点状态，如图 4–1 所示。

❶ 将作为焦点的东西放在桌子上。如果准备的是插在花瓶里的花，则将视线的焦点放在花上，或者望向花的四周。

❷ 在眼睛和花的中间放一本翻开的书，视线越过书的上方看花。

❸ 因为视线的焦点不在书上，所以书上的文字看上去模糊不清，或出现重影。这说明你已正确地进入了摄像焦点状态。

图 4–1　进入摄像焦点状态的方法

当你进入摄像焦点状态之后，书成了你周边视野的一部分。因此，书中的内容被大脑接收后直接进入潜意识（长期记忆）。当你阅读杂志、报纸或电子书时，进入摄像焦点状态的方法也一样。

如何确认你是否进入了摄像焦点状态

▸▸▸ 视线的焦点不在文字上即可

怎么确认你是否进入了摄像焦点状态？你可以通过以下四个步骤验证：

①将一张 A4 纸横向对折。

②在折痕上画一条黑色的粗线。

③想象这张纸是一本书，尝试进入摄像焦点状态。

④如果纸上的黑线看上去变成了两条则大功告成！

如果你看到的不是两条线，等你习惯了“摄像焦点”的用眼方式后，纸上的线自然会变成两条。

即使纸上的线看上去不是两条，只要你视线的焦点不在纸上，就进入了摄像焦点状态，如图 4–2 所示。

❶ 把A4纸横向对折。

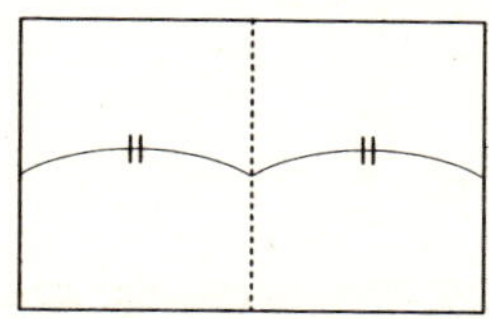

❷ 在折痕上画一条黑色的粗线。

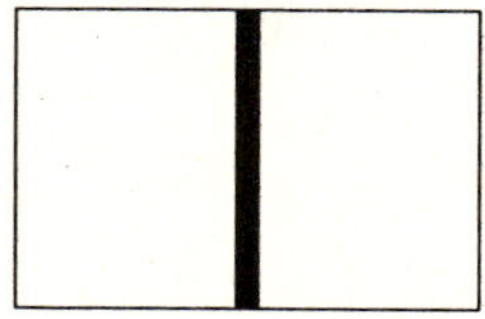

❸ 想象这张纸是一本书，尝试进入摄像焦点状态。

图 4–2　用一张纸进入摄像焦点状态

在摄像焦点状态下阅读时，你既不会意识到自己正在认真阅读，也不会认为自己在记忆阅读的内容。但是，书中的内容的确进入了你的潜意识之中，并被长久地储存了下来。运用这一方法有助于你在短时间内通过考试并取得高分。[①]

① 此结论为作者的一家之言，仅供参考。——编者注

● 记忆小窍门

可随时随地进入专注模式的方法

专业运动员在世界各地参加比赛时，经常需要承受巨大的压力。他们为了缓解内心的焦虑，取得好成绩，都有各自不同的进入专注模式的方法。比如，说几句肯定自己的话，听听音乐，摆出独特的姿势……

虽然进入专注模式的方法因人而异，但简单来说进入专注模式主要有以下四个步骤：

①慢慢闭上眼睛。

②深呼吸。

③大声说出肯定自己的话语。

④慢慢睁开眼睛。

在闭上和睁开眼睛时动作一定要慢，因为缓慢的动作有助于将你内心的慌乱模式转换为专注模式。我建议你做三次深呼吸，并且在做深呼吸时，只关注自己的呼吸。吸气时，你最好一边用鼻子吸气，一边感受新鲜空气通过鼻腔进入体内的过程。呼气时，你要像叹气一样从口中呼出气息，同时放松双肩。

说肯定自己的话语时，我建议你用平静的语气，你可以说：“现在，我正处在专注和宁静的状态之中。”当这句话传入你的耳朵并得到大脑确认后，你的大脑便进入了专注模式。

完成以上四个步骤之后，你会发现自己从眼前的烦恼中解脱了出来，心情也变好了；或者，你已经进入了专注模式，可以着手学习和工作了；又或者，你的情绪已经完全稳定下来，你能感受到自己的内心一片平和，整个身心极为放松。

如果你能随时随地进入专注模式，那么你即使是在火车上，也能集中精力专注地学习。所以，你一定要反复地训练进入专注模式的方法。

第 5 章

在有限的时间内快速做笔记的方法

- 如何快速做笔记?
- 怎样做笔记才能记住重要内容?
- 死记硬背太难了，怎么办?

边写边说，激活大脑

▶▶▶ 手口并用可激活大脑

在日常生活中，我们每天都在获取大量的信息。无论是读报纸、看电视，还是与他人交谈，我们无时无刻不在向大脑输入各种信息。

“输入”指获取外部信息（如文字、图像等）并将其传送至大脑。人类身体的五种感觉器官是输入的窗口。

眼睛→视觉入口，它输入的信息是书籍、杂志、网络、电视等媒介的文字、图像等。

耳朵→听觉入口，它输入的信息是电视的声音、人说的话等。

鼻子→嗅觉入口，它输入的信息是食物、饮料、自然界中花草树木的气味等。

口腔→味觉入口，它输入的信息是食物、饮料、药的味道等。

身体→触觉入口，它输入的信息是握笔、穿衣的感觉等。

以上五种感官是人类获取信息的主要途径。假如你在记忆时能够频繁使用五感，便能加深记忆，使记忆更为牢固。

与“输入”相对应的是“输出”。“输出”指用他人能够理解的方式描述储存在自己大脑里的记忆。比如，你在考试答题时，或者面试、交谈时都需要输出。

如果我们想输出大脑中的记忆，只能使用五种感官中的一种——触觉。并且，我们能够使用的也仅仅是触觉中的“说”和“写”。

对今天的神经科学研究做出极大贡献的加拿大神经外科医生怀尔德·格雷夫斯·彭菲尔德（Wilder Graves Penfield），通过电击大脑皮层引发身体部位运动的实验，发现了大脑与身体之间的关系。

若将彭菲尔德的实验结果直接用人体图进行展示，身体部位的大小显示其接受的大脑刺激的多少。如图 5–1 所示，我们可以看到图中人的手和嘴显得巨大，手和嘴与大脑的密切关系由此可见一斑。因此，手和嘴的使用反过来也能够刺激大脑。这就是手口同用能够加深记忆的理论依据。

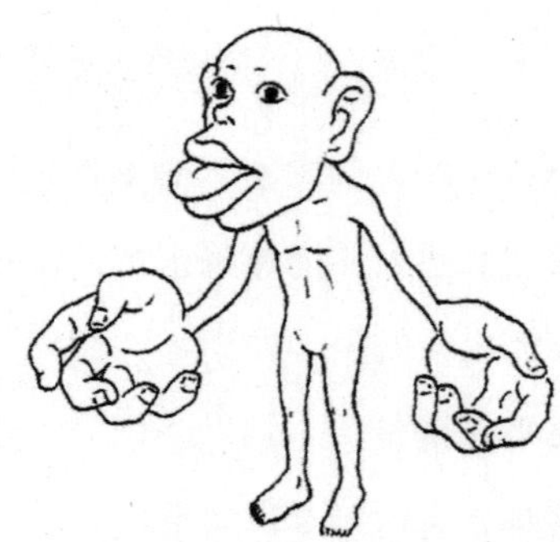

图 5-1　彭菲尔德实验结果的人体图展示

为了更好地实现手口同用，我强烈推荐一种做笔记的方法——思维导图。我将在下一节中具体介绍思维导图的妙用。

传统笔记的弊端

▸▸▸ 罗列条目的笔记难以记忆

你能快速地想起自己用罗列条目的方式做的笔记吗？其

实，用这种方式做的笔记很难存留在脑海之中。因为笔记中若无重点，就很难给你留下深刻的印象。

你有没有碰到过这样的情况——你同时和几个人交换了名片，事后再拿出名片时，却想不起来谁是谁。同样，只罗列出要点的笔记犹如一首没有副歌的歌曲，很难在你的脑海里长久地留存。

请看图 5–2 所示的笔记示例。左边是传统笔记示例，只看一遍的话，我保证你绝对记不住所有的内容；就算不是罗列条目，而是把笔记记得像一篇文章，也同样会因为笔记中没有重点而让人记不住内容。另外，假如你只用一种颜色的笔做笔记，你对笔记的印象也不会太深。

传统笔记示例	“重点突出”“引人注目”的笔记示例
●之前的做法行不通	●之前的做法行不通
●必须思考今后的方案	●必须思考今后的方案
●A+B=C	●A+B=C
●不能堆到最后再做	●不能堆到最后再做
●如何将记忆速度提高 2 倍?	●如何将记忆速度提高 2 倍?
●吃坚果可能有助于活化大脑	●吃坚果可能有助于活化大脑
●使用五感记得更牢	●使用五感记得更牢

图 5–2　不同类型的笔记示例

能够在脑海中留下深刻记忆的笔记需要“重点突出”“引人注目”。记这样的笔记有一定的方法，比如使用颜色笔，在要点下画线或用圆圈圈出，或用大一号的字写出关键词等。

假如你用以上的方法做笔记，当你回忆笔记内容的时候，就能马上想起“这个内容是用那个颜色的笔记的”“对，我在这个关键词下画了线”等，从而轻而易举地想起笔记的内容。

什么是“顺藤摸瓜”记忆法

▶▶▶ 将关键词串成一个故事

“顺藤摸瓜”在词典里的解释是顺着瓜藤可以摸到瓜，比喻沿着线索追究，可以得到结果。假如你想增加自己的记忆量，你就可以选择“顺藤摸瓜”记忆法。

“顺藤摸瓜”记忆法有两个好处：第一，即使你想不起来关键词，只要对关键词的上下文有印象，就能通过“啊，是和 ×× 相关的 ××”想起来；第二，与顺着藤就能摸到瓜同理，只要你把关键词串成一个故事，就能轻松地记住它们。

图 5–3 是一个使用“顺藤摸瓜”记忆法来帮助我们记忆德川幕府历代将军的例子。

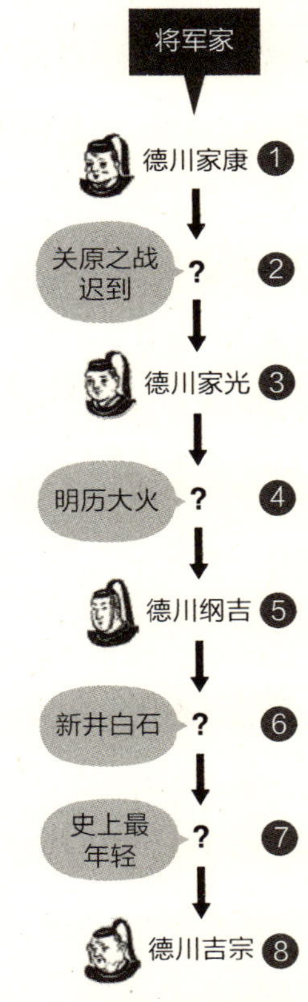

图 5–3　串联关键词的记忆流程

德川幕府的历代将军是：德川家康→德川秀忠→德川家光→德川家纲→德川纲吉→德川家宣→德川家继→德川吉宗……

你可以把这些信息做成如图 5–3 所示的笔记。

如果你记不起“德川家纲”，只要想一想“在德川家光和德川纲吉之间的是谁”，就能很快想到“啊，是家纲”。

只要你在做笔记的时候，把关键词连成一串，那么在回想时，你就会像顺藤摸瓜一般轻松。

另外，你也可以把德川家族的将军们的长相和他们的名字放在一起记忆，这个方法也能在你回想内容时助你一臂之力。如：“家康长着这样一张脸，下一个人的脸长那样。所以，下一个人是德川秀忠！”

假如你有孩子，我建议你让孩子从小就养成习惯，多用“顺藤摸瓜”的方法记忆。这样的话，孩子以后就算学习再多的知识，这些知识都会像结在藤上的瓜一样留在他的脑海里。只要孩子掌握了“顺藤摸瓜”记忆法，就基本上不会再因为记不住而苦恼了。

如何利用关键词记住大量信息

▶▶▶ 一看，二听，三写

假如你想把从书本、讲座和研讨会上获得的大量知识运用到自己的工作当中，我建议你一定要做到一看、二听、三写，“写”即写下印象深刻的内容的关键词。比如，你正在阅读一本名为《讲话的艺术》的书，假设书中有以下重要内容：

- 缓慢呼吸可以让你讲话的节奏更加平稳。
- 深呼吸不仅可以让你心情平静，而且吸入大量氧气能使你的大脑更加活跃。
- 人在讲话时一旦产生焦虑情绪，就会变得呼吸急促。因此，有意识地深呼吸可以改变你的讲话方式。

以上内容的共同点是“呼吸”，因此“呼吸”是这段内容的关键词。

假如你想牢记书中的内容，我建议你不要选过多的关键词。如果关键词太多，你反倒记不住。我的建议是一本书只选取一个关键词，最多选取两个，如图 5–4 所示。有人主张选取三个关键词，但三个词语不仅很难在瞬间进入大脑，而且会让你不由得想把这些词写下来或再看一看。假如你想过后什么都不看就能回忆起关键词的话，最好把关键词的数量控制在一到两个。

图 5–4　利用关键词记忆的示例

在这里，我想补充一点：假如你要参加资格考试，就不能随意选取关键词。另外，有些书中会出现多个关键词。

当你使用习题集和辅导书时，我建议你从书中用粗体字标出的画线内容，以及书中指定的重要词语中选取关键词。

另外，你需要掌握在上下文中与关键词相关的解释、词语及内容。

在下一节中，我将介绍做笔记的具体方法。

如何做笔记才能记住重要内容

▶▶▶ 先找出核心，再画图

我建议你在做笔记时，先找出需要记忆的内容的核心，然后找出该核心与其他内容的联系。这样的做法能帮助你更好地记忆。

以资格考试为例。资格考试的辅导书中有很多必须记住的要点，因此在你进行记忆时，更需要先找出每一个要点的核心，再用画图的方式做笔记。这种方法能让你更加有效地记住重要的内容

比如，为了记住日本全国大米出货量排行前十的地名，你可以这样做：先在纸的中央画一幅简单的日本地图，这幅日本地图就是你需要记住的内容的核心；然后，在地图

上相应的位置按照大米出货量的排名顺序标上数字。这样一来，你就可以借助视觉（图）进行记忆。另外，通过画图记忆还有一个好处：能让你在一段时间后回想起更多的内容。

如何快速记忆

▶▶▶ 多用“=”“⇔”等符号

假如你在做笔记时需要进行内容分类，建议你尽量多使用符号。

符号不仅能直截了当地表示许多词语和句子，还能像图片一样令人印象深刻。

图片能够进入大脑的长期记忆，因此利用图片记忆的方法非常适合用于需要牢记的内容。

- 表示“等于”的符号——等号（=）和双向箭头符号（⇔）非常简单易懂。如：人类 = 人　core= 核　男 ⇔ 女　天 ⇔

地　白天⇔黑夜

- 表示“不等于”的符号也比文字表述更容易被记住。如：

  日本≠大陆　日本的官方语言≠英语

就像表 5–1 呈现的那样，我建议你用箭头表示时间序列，如“春→夏→秋→冬”；用波浪箭头表示变化，如“毛毛虫↝蛹↝蝴蝶”。你还可以用大于号和小于号表示大小和数量的关系，如“北海道的面积＞四国的面积”“日本的人口＜美国的人口”。除以上符号外，“+”“–”“×”“÷”符号也可以用。

表 5–1　常用的记录符号

<table>
<tr><td>=</td><td>等于</td><td rowspan="3">春
↓
夏
↓
秋
↓
冬</td></tr>
<tr><td>≠</td><td>不等于</td></tr>
<tr><td>←→</td><td>对比</td></tr>
<tr><td>春→夏</td><td>时间序列</td><td>部分</td></tr>
<tr><td colspan="2">毛毛虫↝蛹↝蝴蝶</td><td>变化</td></tr>
</table>

符号能够瞬间进入我们的记忆，因此我建议你尽可能多地使用符号。

不要强迫自己记住全部内容

▸▸▸ 将句子拆分成词语更有效

我们接受的传统教育灌输给我们的是必须逐字逐句、一字不差地记住所有的内容。然而，我们却发现一字不差地死记硬背只能记住一部分内容。换言之，死记硬背反而很难记住所有内容。

死记硬背就像演员背诵剧本里大量台词的方法——必须一字一句全部记住，演员不得不这样做。可是，你想记住阅读的内容，其实并不需要死记硬背，你只需要把一篇文章的内容拆分成词语来记忆，这样会更加轻松、容易。

我们还可以用前文出现的《讲话的艺术》一书中的重要内容为例，像下面这样把句子拆分成词语：

→ 缓慢呼吸可以让你讲话的节奏更加平稳。

▼呼吸　缓慢　节奏　平稳

→深呼吸不仅可以让你心情平静，而且吸入大量氧气能使你的大脑更加活跃。

▼呼吸　深呼吸　平静　大脑　活跃

→人在讲话时一旦产生焦虑情绪，就会变得呼吸急促。

因此，有意识地深呼吸可以改变你的讲话方式。

▼呼吸　模式　改变

用这些拆分得到的词语绘制思维导图来记忆这部分内容，如图 5-5 所示。我会在后文介绍绘制思维导图的具体方式。

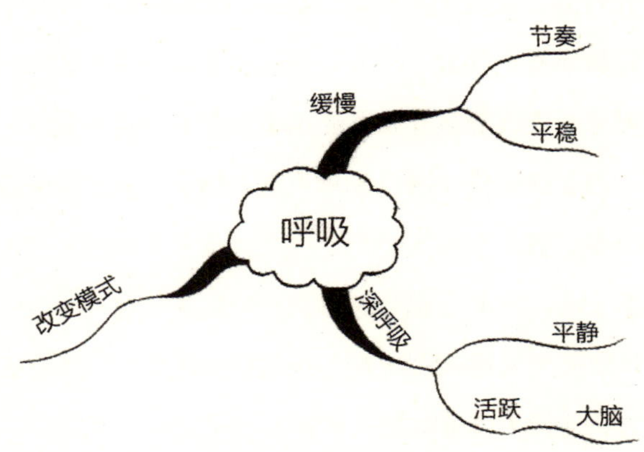

图 5-5　思维导图：不同的呼吸模式

做笔记时，将句子分解为词语的方法不仅能让你快速掌握要点、加速记忆，而且有助于你记住更多的内容，不妨试一试。

总结归纳大量内容时的注意点

▸▸▸ 准备一张大纸和一支细芯笔，将内容分成几大块

你在总结归纳大量内容的时候，需要注意以下五点。

第一点，准备一张大纸（如A3尺寸的纸）。

假如纸张不够大，写着写着你就会发现纸上没有更多的地方可写了。于是你开始省略关键字句、字越写越小、心情烦躁……各种各样的情况接踵而至。因此，我建议你准备一张大一些的纸。

第二点，准备一支细芯笔。

如果笔芯太粗，你写字占用的空间会更大，容易写不下。因此，我建议你做笔记的时候用一支笔芯较细的笔。

第三点，将内容分成几大块。

我建议你在笔记中把每一部分的内容进行细分，归纳成四到六大块。这样做不仅能让笔记看上去整洁，整个页面有一种平衡感，而且能让笔记的内容一目了然。

很多人会把一整本书分成如第1章、第2章、第3章、

第 4 章、要点部分、难点部分等几大块，如图 5–6 所示。

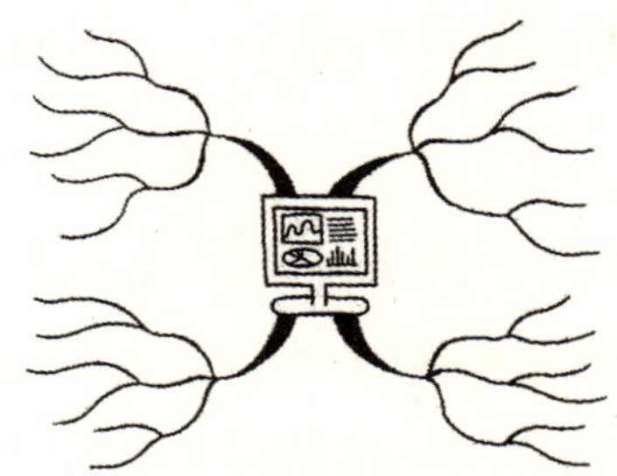

图 5–6　将需要记忆的内容分为几大块

第四点，不同部分使用不同颜色。

我建议你使用不同颜色的笔来记不同部分的内容。这样能让你清晰地分辨出每一部分，并且色彩引发的视觉刺激会被传至大脑，有助于记忆。

第五点，把同一主题的多本书归纳在同一张纸上。

假设你同时使用好几本书学习日本历史，这些书的主题都是“日本历史”，你在总结书中内容的时候，就不需要每一本书都单独使用一张纸总结。你可以把这几本书的内容总结写在同一张纸上。这样做可以让你更轻松地掌握所有内容的概要。

只要你按照以上几个要点进行总结归纳，就能轻而易举地记住大量内容。

如何连接关键词

▸▸▸ 画线时切记四个要点

在我讲授如何使用关键词做笔记的时候，很多学员都问我："怎样才能把关键词串联起来？"

下面我将针对这个问题进行说明。

要点一，连接线之间必须相互连接。

假如连接线之间是分开的，你就很难看出具体内容的连接关系。因此，你一定要把连接线连起来，这样才能让相连接的内容以及它们的关系一目了然，如图 5–7 所示。

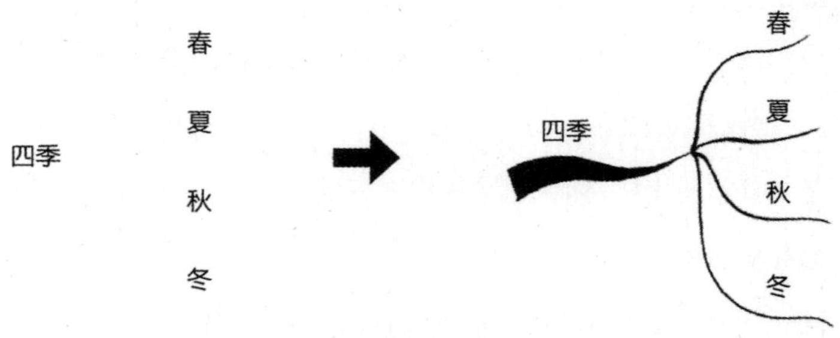

图 5–7　把连接线连起来

要点二，画曲线。

如图 5–8 所示，我们在画直线和曲线的时候，使用的大脑部位不同。

我们画直线时使用的是左脑，而画曲线时使用的是右脑，这是因为曲线被大脑视为图像。进入右脑的记忆为长期记忆，因此假如你在写下的内容（使用左脑）下面画上曲线（使用右脑），这样做既使用了左脑，又使用了右脑，你就能更加有效地记忆。

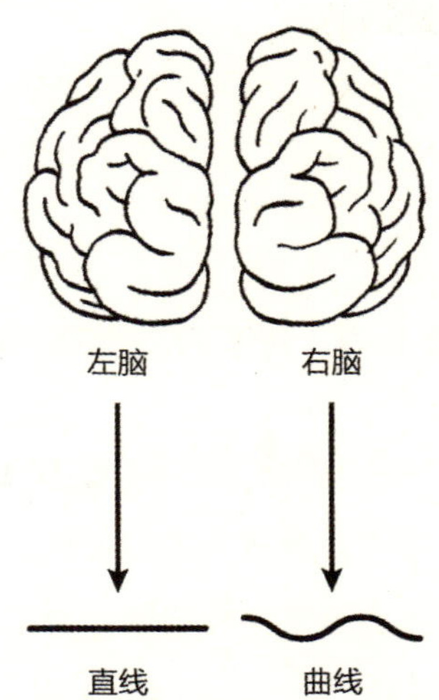

图 5–8　分别用左脑和右脑画直线和曲线

要点三，使用粗细不同的线条。

在重要的关键词下画线时，我建议你使用较粗的笔。粗细不同的线条可以帮助你清晰地识别重要的内容，更有助于记忆，示例如图 5–9 所示。

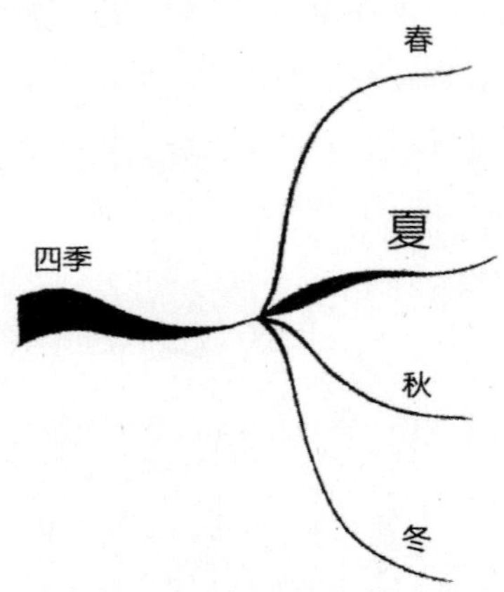

图 5–9　使用不同粗细的线条

要点四，使用简单线条和分支线。

在画线时，你需要遵循一定的规则：若是相关的词语，则直接在下方连接；若某一内容可分为几类，就将其分开，然后使用分支线连接。

如春、夏、秋、冬四个季节的关系可以采用两种方式表示，如图 5–10 所示。

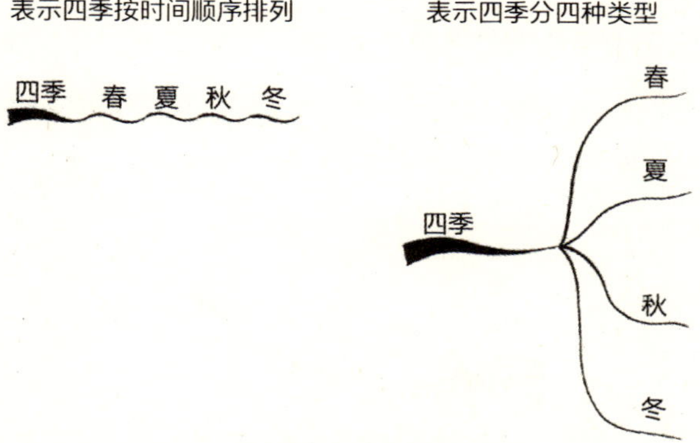

图 5–10　简单线条和分支线的区别

“人类的大脑分为左脑和右脑。右脑主要负责艺术、体育等工作，左脑主要负责语言和数字等工作。”这段文字可以画成图 5–11。

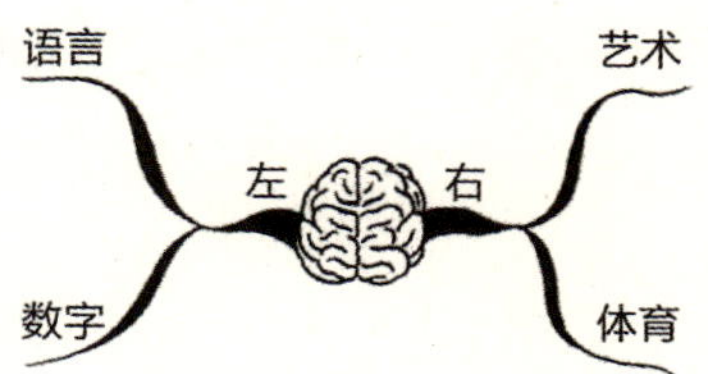

图 5–11　左脑和右脑分别擅长的领域

“产业可大致分为第一产业、第二产业和第三产业。第一产业指从自然界获得财富的产业，包括种庄稼的农业和养鱼的渔业等。第二产业指制造业及工厂管理等行业。第三产业指服务业及智慧型行业，在 19～20 世纪崛起并发展。”这段文字可以画成图 5–12。

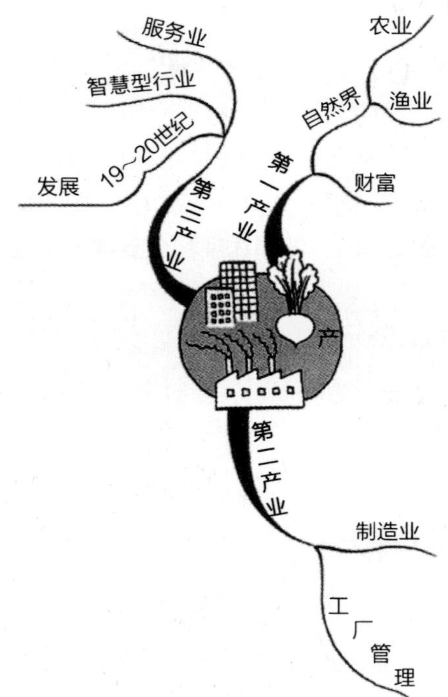

图 5–12　产业的大致分类

以上图例仅供参考，你完全可以按照自己的喜好绘制不同的图。很多人在绘图时，因为过于追求完美而花费了大量的时间。我不建议你做这样的无用功，以免耽误学习的进度。

笔记记错了怎么办

▶▶▶ 不用担心，三个方法轻松更正

你不用担心做笔记时不小心记错。为了便于更正，你可以使用可擦除笔迹的笔，你也可以在写错的地方加上更正标记。下面我介绍几种添加更正标记的方法。

①在写错的地方画一个“×”，如图 5-13 所示。

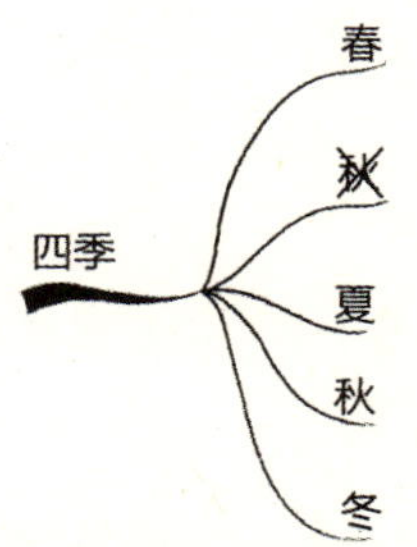

图 5-13　在写错的地方画“×”

②把写错的词用连接线连到正确的位置，如图 5-14 所示。

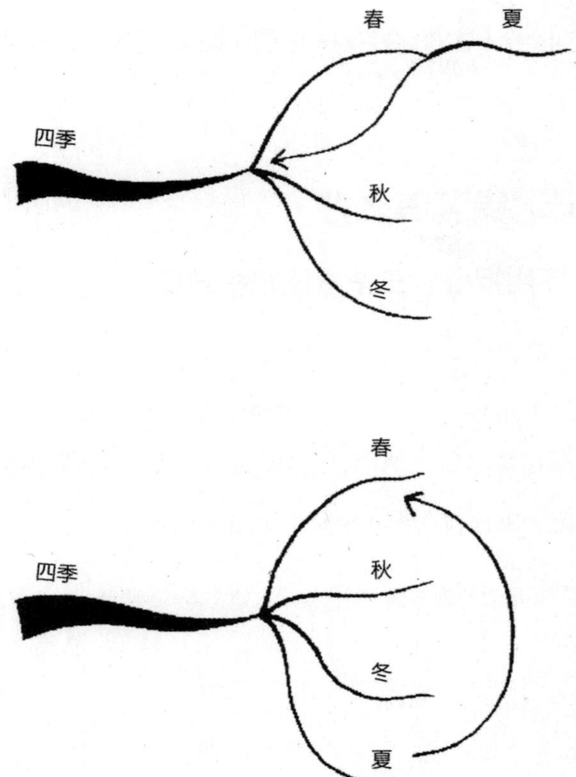

图 5-14　用连接线更正

③将分为两部分的词语整合成一部分，如图 5-15 所示。

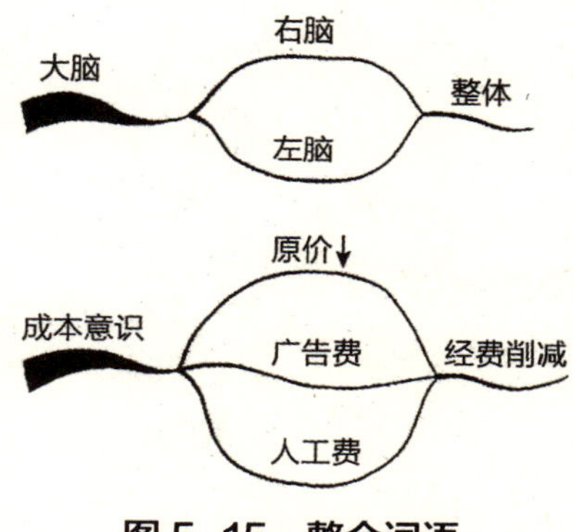

图 5-15　整合词语

我不建议你使用下面的几种方法：

①看不出各部分的连接点，如图 5-16 所示。

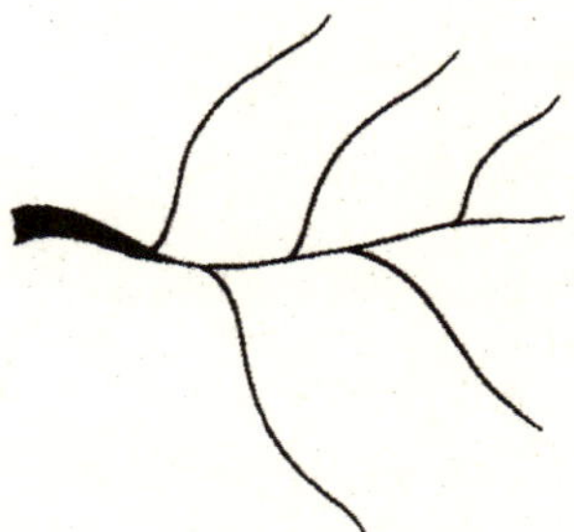

图 5-16　连接点不分明

②主次不分明。如图 5-17 所示，由上至下是主次愈发分明的图例，你可以参考。

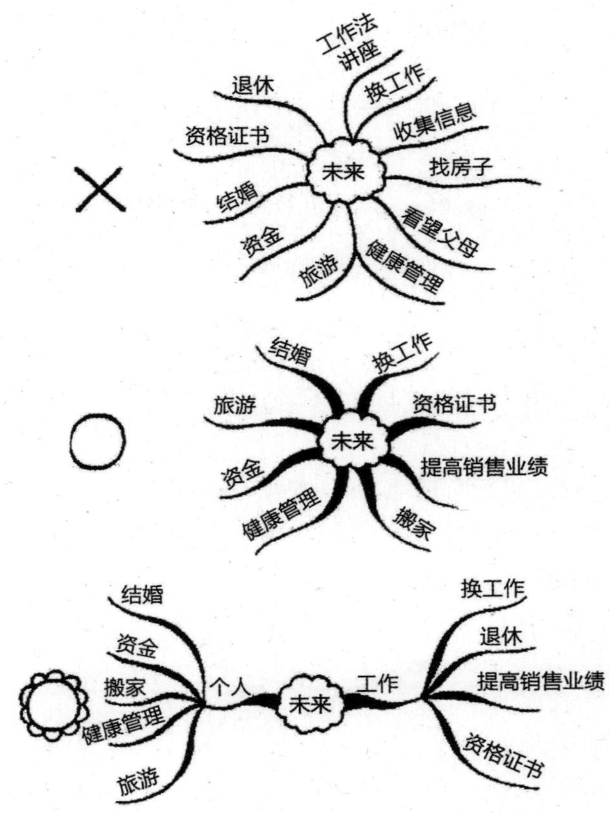

图 5-17　主次不分明与分明的图例对比

如何利用关键词进行复习

▸▸▸ 三个步骤牢记笔记内容

假如你想牢记笔记中的内容，我建议你每天将笔记复习一遍，并按照以下三个步骤进行。

①一边看笔记，一边思考关键词的意思，并回忆关键词的前后文内容。

②在不看笔记的情况下，猜一猜下一个关键词是什么。若是猜错，说明你记得还不够清楚牢固。我建议你反复复习，直到猜对为止。

不过，就算你猜错了也不用沮丧。猜错这一行为能让你明确知道自己还没有记住这部分内容。一旦你掌握了这部分内容，便离成功近了一步。因此，我建议你不断重复上述步骤。上述步骤能帮你在短时间内找出自己还没有完全掌握的地方。只要你找到了，就反复复习这部分内容，直到完全掌握。我们的大脑在得知“不知道”后，会变得非常活跃，产生求知欲。基于大脑的这一特性，猜错反而能加速你的学习进程。

③不断重复第二步，直到能快速想起下一个关键词为止。

所谓“复习”，是指每天按照以上的顺序，完成❶后进入❷，完成❷后进入❸，并重复整个过程 1～2 遍。以上三个步骤如图 5–18 所示。

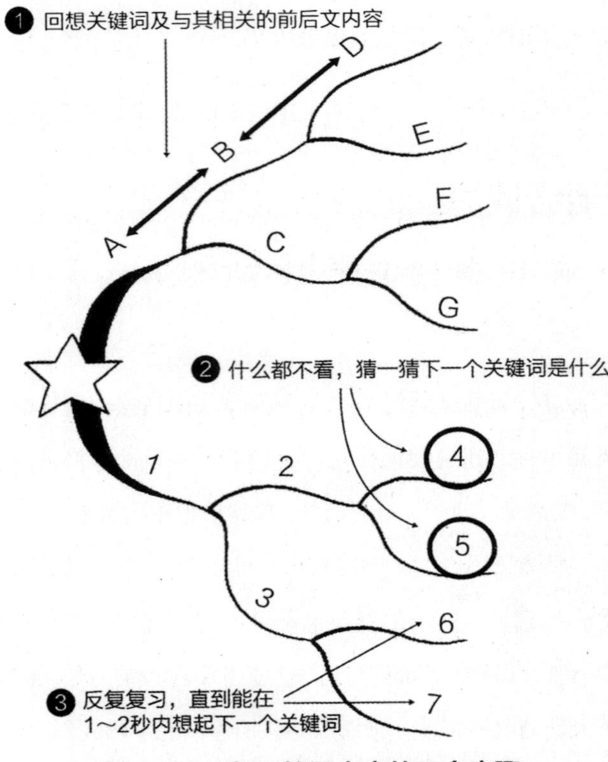

图 5–18　复习笔记内容的三个步骤

另外，复习到什么程度取决于你备考的资格考试的合格率和你想考取的分数。换言之，你的学习目标不同，复习的方法也不同。假如你觉得考试只要能及格就行，那你根本不需要花费力气记住全部内容。不过，这并不意味着你可以偷工减料，不好好复习。我的意思是，如果你觉得不必拿一百分，就不用紧张，别给自己太大的压力。

重温会谈提纲的诀窍是什么

▶▶▶ 标记出想问的问题和想说的内容

我建议你在会谈之前，重温自己提前准备的会谈提纲，并在以下两点内容旁加注标记：

①想问对方的问题。

②想向对方阐述的内容（你的看法）。

为了让加注的标记一目了然，你最好使用不同颜色的笔。如上述①的内容用红色标记，②的内容用蓝色标记。

另外，我建议你把重温提纲的时间选在会谈的前一天晚上。躺在床上准备睡觉之前重温提纲，你可能会发现“不需要问那个问题”、“还需要多问几个问题”或“也许要改变一下我的看法”，等等。睡前的思考能让你的想法更加成熟。

第二天进行会谈之前，你最好再看一遍提纲。

假如你希望自己在会谈时不看提纲，也能与对方自然流畅地交流，那我建议你在提纲中列出的要点不要超过三个。

假如提纲中列出的要点超过了三个，你在会谈时还是看看提纲为好。或者，你也可以把要点写在手卡上，在会谈时不时地扫两眼。这样，你才不会忘记自己要说的话，确保会谈能够顺利进行。会谈时忘记自己要说的话和漏听对方说的话都是大忌。

下面我以自己的经历为例具体说明。我做了很多年电台节目主持人。有一次，我需要采访一位畅销书作家。虽然采访只需大概 25 分钟，但整个录制要持续足足三天。采访前，我提前阅读了那位作家的著作，并将采访内容确定了下来。我在确定采访内容的时候，喜欢画一张简单的思维导图来辅助。这个方法真的非常好用。

画图时，我把采访的内容分成了四个部分，如图 5–19 所示，分别是作者介绍、书的内容、向作者提出的问题和作者对未来的展望。我也在手卡上写下了关键词。记住，手卡上千万不能写句子。假如你在手卡上写了句子，那么当你一边和对方交谈一边确认手卡的时候就很难一眼找到要点。这样一来，会谈势必会被打断。

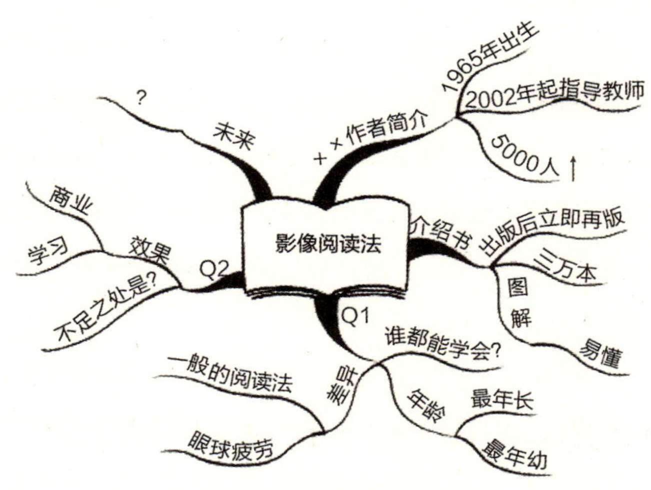

图 5–19　采访内容思维导图

关于作者介绍的内容，我选取了“《× × 学习法》的作者”“× × 大学”“一流”“证书 30 个”“获得”“培训学校”“管理”“20 年”等关键词；关于书的内容，我只写了让我印象特别深刻的几点内容，如“× × 课”“午睡”“暴饮暴食对记忆的影响”。

另外，我将向受访者提出的问题限定在了三个之内。假如我提出的问题过多，采访的话题更换就会过于频繁，这样不仅无法给听众留下深刻印象，作者也无法就某一个话题进行深入的阐述。

假如你也能用上述的方法准备一个采访的话，那么你在采访的时候，不仅会有充足的时间，还会有明确的采访主题。你的采访不可能不顺利。

以上介绍的准备方法实行起来非常简单，所以你一定要试一试。

使用思维导图准备报告的诀窍是什么

▸▸▸ 在思维导图中标注顺序

在作报告之前，你首先需要确定的事情是自己要不要脱稿报告。虽然脱稿报告是大多数企业领导认可的汇报工作的方式，但它的难度也不小。

因此，我建议你在准备报告之前，向相关领导确认你在报告时是否能看资料。假如看也行不看也行，那么如果你在作报告一周前能够脱稿讲述 70% 的内容，作报告时你就可以挑战一下完全脱稿。

人在处于从容不迫的状态时发挥得最好。在我看来，选择一种让自己最放松的报告方法才是正确的做法。

假如公司允许你看着思维导图作报告，那你就大大方方地一边看着图一边作报告。

我建议你在思维导图上用数字标注出报告内容的顺序，如图 5–20 所示。你也可以按照报告内容的顺序画思维导图，如图 5–21 所示，这样更易于修改。另外，你需要在思维导图中把报告中绝对不能忘记的重点内容标记出来，以加深记忆。重点内容绝不可疏漏。

作报告的时候，万一你由于过度紧张而不能流利地讲述也没关系，只要你能讲出报告中的重点内容，报告也算顺利完成了。

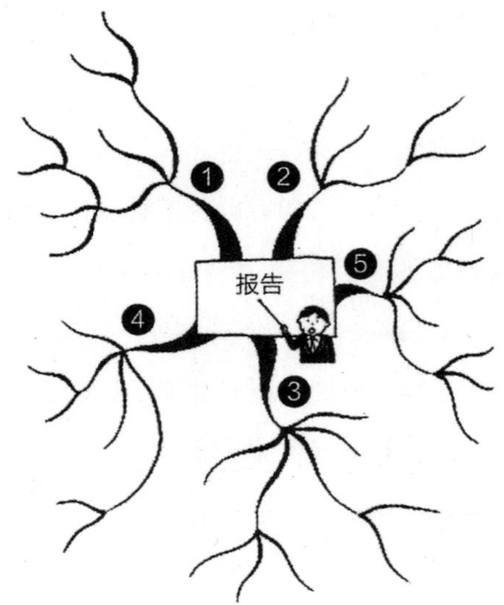

图 5-20　在思维导图中标注数字

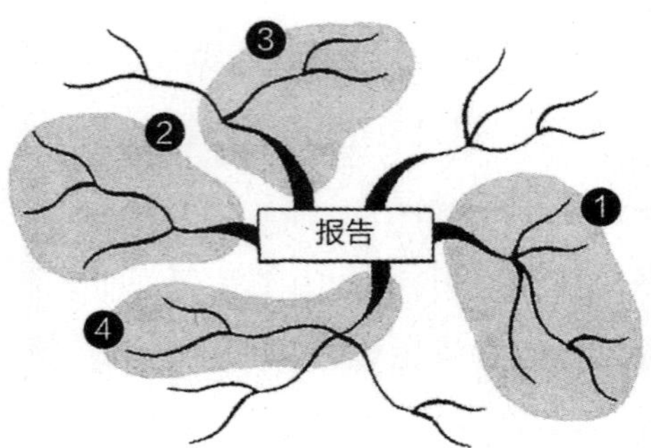

图 5-21　按报告内容的顺序画思维导图

● 记忆小窍门

显著增强记忆的小工具

下面，我将向你推荐一些能有效增强记忆的小工具。

* 笔

明石屋牌的水彩笔：水彩笔不仅能用来画思维导图、图解，写大一点的字，多种多样的色彩还可以让你精神振奋。

施德楼牌的笔：笔迹纤细，颜色艳丽。

百乐笔系列：可保持记事本等干净整洁。

* 蜡烛

有助于稳定情绪、深入思考。

假如蜡烛的香味是你喜欢的气味，你会更容易集中精力。

* 香气

在五感中，嗅觉最容易进入记忆。

调节心情的最好方法是改变香气。比如，在集中注意力时使用一种香气，在睡觉时使用另一种香气，在休息时再换一种香气。在不同的时间固定使用不同的香气，可以让大脑感知你将要进入的状态，有助于你集中注意力或休息。

假如你想高度集中注意力，建议你使用乳香；假如你需要清神醒脑，建议你使用苦橙花。

* 饮料

喝茶与闻香具有同样的效果。

假如你想高度集中注意力，我建议你喝产自中国台湾的乌龙茶（香气沁人心脾）。

假如你想振作精神，我建议你喝咖啡或抹茶（含有大量的咖啡因）。

假如你想让自己感觉神清气爽，我建议你喝碳酸饮料（碳酸能改变心情）。

不过，我想建议你喝的最基本的饮料是水（水带给人身体的负担小，且能加速血液流动及激活大脑）。

* 音乐

如果你感到不安，我建议你听一听平静的音乐。

在你觉得没有干劲的时候，我建议你听听能让你的身体不由地自主摇摆的音乐。

* 地点

你喜欢的咖啡馆。

公园等景色优美的地方。

* 食物

巧克力（可可含量高的巧克力更健康）。

水果（有嚼劲的食物有助于活化大脑且更易消化[①]）。

① 此结论为作者的一家之言，仅供参考。——编者注

第 6 章

让工作更高效的信息处理方法

- 如何一边交谈，一边记录?
- 向上级汇报工作的诀窍是什么?
- 在重要的会议上，大脑一片空白怎么办?

收集、阅读工作资料时的注意事项

▶▶▶ 确定关键词，明确工作目的

是否能够收集到需要的资料，取决于你收集资料时使用的关键词，以及你做该项工作的目的。比如，写一份工作报告、做一项市场调查之前都需要通过关键词检索信息。你是否能够正确提取检索时要使用的关键词，不仅影响你的工作结果，而且决定了你要花多少时间完成工作。

假如你需要调查IT行业在未来五年的发展趋势，你在检索时需要的关键词可以是“IT行业”“五年”“变化”，也可以是“IT行业”“未来”“过去”或“IT行业”“2017”“2022”等。

注意，在选取关键词的时候，你必须具备能够识别正确关键词的能力。比如，类似“IT行业”“东京”“奥林匹克”

等关键词看上去很有意思，但检索后你不一定能得到真正需要的资料。

你必须通过自己的想象力来挑选正确的关键词。我建议你在挑选关键词的时候，根据自己想知道的内容进行选择，并且尽量多找出一些关键词。比如，你想知道有关 IT 行业预算管理方面的内容，就输入“IT 行业，预算”；你想知道 IT 行业的发展趋势，就输入“IT 行业，趋势”。另外，试着把当下流行的事物作为关键词进行检索，也不失为一个好方法。

你检索到的资料是否有目录，决定了你阅读这些资料的方法。假如资料有目录，你就可以在目录中找到与你的检索目的相关的章节，然后阅读；假如资料中没有目录，你就需要从页面中间部分约 5 厘米宽度的内容中寻找自己需要的关键词，如图 6–1 所示。

比如，你选定的关键词是“IT”“行业”“趋势”“5 年”“2022”“动向”，那么就在这 5 厘米宽度的内容中寻找这些词语。

无论是收集资料还是阅读资料，一开始就确定好关键词极为重要。

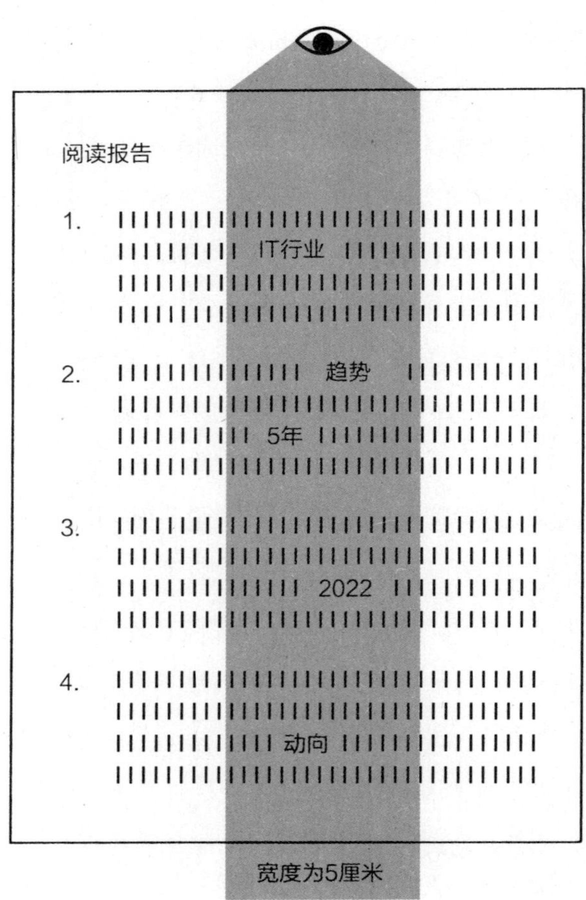

图 6-1　从没有目录的内容中找关键词

我建议你在阅读搜索到的资料时，要像在自己的脑袋上竖起了天线一样去读。没有天线就无法接收信号，同理，没有脑袋上的“天线”的话，你阅读的内容就不会在你的脑海里留下任何痕迹。你只有在阅读的过程中灵敏地转动天线，才能从阅读的资料中获取你需要的答案。同时，这样的阅读方法也有助于提高你的记忆力。你记住越多“接收”到的信息，你的报告的完成度就越高。

只要关注，大脑便能主动出击

▸▸▸“关注”对大脑来说意味着寻求答案

在工作中，掌握大量的工作资料至关重要。

比如，开会时你被问到了一个问题，如果你的回答没有足够的资料作支撑说明，你很可能会失去参加下一次会议的机会。再比如，有人在会议上就某一议题询问你的看法，如果你无言以对，说明你的大脑中没有可供你阐述见解的信息，或者你没有关注该议题的要点。

我们关注一件事情，就会去收集相关的资料。这是因为我们的大脑具有一个特性，即喜欢弄明白我们关注的事情的来龙去脉。这里所说的“关注”，也可以称之为“疑问”。

假如你只有一个疑问，那么答案自然简单。比如，像“IT行业是一个什么样的行业”这样的疑问，答案只有一个——“是如此这般的一个行业”。但是，如果你关注某一事物，对其有着浓厚的兴趣，心里自然会产生很多疑问。你提出的问题越多，你得到的答案便越多，那么你对自己关注的事物的了解也就越详细。

阅读也是如此。相比没有任何疑问地阅读，带着大量问题进行阅读的话，你能记住更多的内容。

若你在生活中关注很多事情，你就一定会在心里产生很多疑问。而这些疑问的答案，能通过你与他人的交谈、你看的电视节目或阅读的书本、杂志等途径得到。比如，你有了“跳槽”的念头，你必然对“跳槽”这个词语感兴趣。要是你想在东京求职，那你很可能关注“东京”，还有“年薪”“职业种类”等词语。若是你想进入媒体行业工作，那么你还会关注“媒体”“招聘考试”和“中途录用”等词语。而这些你关注的事物的信息，你都能在日常生活的各种场合中得到。

小孩子从小就关注很多事物，这绝对是一件好事。关注不同的事物，把大量的信息输入大脑，能够很好地完善孩子思维能力的根基。

如何记住所见所闻

▶▶▶ 至少重复五遍关键词

假如你想把听到或看到的内容写下来，可是恰巧你手头没有笔和纸等记录工具，这时你该怎么办呢？你可以从这些内容中找出关键词，然后把关键词出声地口诵至少五遍。假如你当时不重复，就肯定记不住，过后自然也无从想起。

假设关于“IT 行业的动向”，有人告诉你“在环保署 2020 年的报道中可以找到相关的重要资料”，这时，我建议你牢记“2020 年，环保署”，并在心中把这两个词重复默念五次。如果你记不住的话，只记住“20，环保”也行。只要是过后能提醒你的词都可以。

如果有人向你推荐一家餐馆时说：“在广尾有一家非常

适合聚餐的餐馆，名字叫意大利餐厅 ××。”你只需记住“广尾，意大利餐厅 ××”。你也可以把“意大利餐厅”省去，仅记忆餐厅的名字，如图 6–2 所示。只要把你觉得可以记住的词语心平气和地重复几遍，你就能牢牢地记住。当然，用上我在前文提到的方法，在脑海中想象与关键词有关的画面也有助于你记忆。

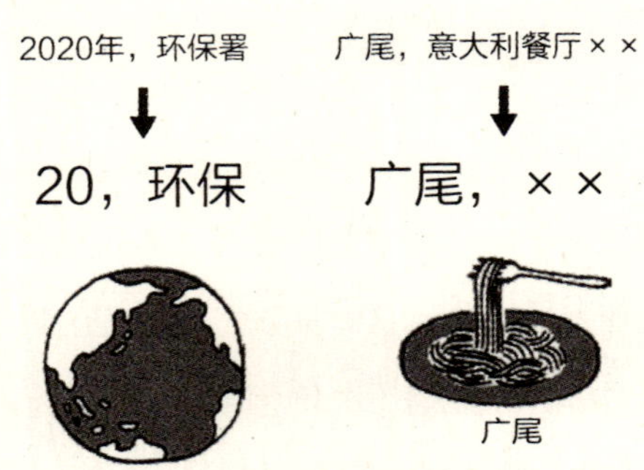

图 6–2　用图像和重复关键词来记忆

假如需要记忆的内容太多，那么我建议你先把较长的句子分割成几个短句，然后给每一个短句找一个简单且令人印象深刻的关键词。句子越长越难记，也更花费时间。所以，碰到文字较多的内容时，你一定要记得先把长句分割成短句再记。

如何加深对新信息的记忆

▶▶▶ 针对感兴趣的话题提问

当你听到自己感兴趣的话题时，总想再多了解一些有关这个话题的事情吧？

当你遇到了自己感兴趣的话题时，我建议你向对方询问“具体是指什么”，等对方向你解释之后，你就同时记住了自己的问题和对方给出的答案。你在对话中提出的问题越多，谈话的内容你就记得越多。

孩子在某一个年龄段非常爱问“为什么”，这一行为其实是增强记忆力和好奇心的重要因素。如果你有一个爱问“为什么”的孩子，我建议你耐心回答孩子的提问，不要不耐烦。

假如你在交谈中不提出任何问题，那么你和他人的交谈只能以“哦，是这样啊”结束。下面，我举一个例子来进行具体说明。

A 先生：“我打算在涩谷开一家咖啡店，已经通过众筹筹集到了资金。”

B 先生：“什么是众筹？”

A 先生："众筹是一种集资、融资的方式。谁都可以在网上给感兴趣的项目提供资金或帮助。"

B 先生："谁都可以吗？"

A 先生："谁都可以加入。个人也行，只出几千日元也行。"

如上例所示，你提出的问题越多，就越能清楚地记住以下几点信息：

- 众筹。
- 可以在网上进行的融资方式。
- 谁都可以加入。

短时间内提高记忆力的方法

▸▸▸ 记住看到的一切

在短时间内快速提高记忆力的方法是记住看到的一切。

假如现在你在自己的房间里，请闭上眼睛，用一分钟的时间想一想房间里所有东西的颜色和形状，以及上面写着的字。你能想起多少呢？等你睁开眼睛后，你可能会发现：

“啊！这里有这个东西！”尽管很多东西都是你自己摆放在房间里的，可还是被你忘了。不过，当你猛然意识到“哎呀，把它给忘了”的时候，你的记忆力会瞬间增强。

我建议你像玩游戏一样，先仔细逐一观察房间里的东西，然后把它们记在脑子里，最后闭上眼睛回想。每次重复两遍这个过程。

不仅是房间里的东西，窗外的景色以及地铁上乘客的物品等都可以拿来练习。持续两个星期以后，你会突然发现自己能记住的东西比以前多了很多。另外，你也可以用“记忆倒垃圾的时间”来提高自己的记忆力：你只要每次重复问自己两遍“星期几倒什么垃圾”，便能强化记忆力。

怎样才能记住别人的名字和面孔

▶▶▶ 与已知信息建立联系

假如你想记住与你交换名片的人的全名，可以试一试下面的三种方法。我以日本人的姓名为例说明。

比如，对方叫“藤原正树”。首先，你可以将他的姓和历史上的“藤原氏”联系起来。然后，你想一想“我知道藤原氏的什么信息”，这时，你的脑海里会浮现出一个戴着乌帽的历史人物。你可以在想象中把一顶乌帽戴在你眼前的这位藤原先生头上。对方的名字“正树”可以理解为“一棵正直的树”，你可以想象一棵笔直站立着的树。这种方法可以概括为，将新的信息和已知的信息联系起来。这是第一种方法。

第二种方法是想象对方的全名写在他的脸旁边。

第三种方法是想象你面前的“藤原”的脸旁边有一张你知道的那个藤原的脸，记住两张脸并排放在一起的画面。

假如你遇到了无法凭借图像记住或发音独特的名字，你可以反复出声地读这个名字，一直读到能自然而然地脱口而出为止。另外，你还可以利用谐音记忆，比如“马场先生”可以通过“老奶奶”或“理发师”等词语的谐音来记忆。[①]只要你不断重复这几个词，就能轻松地记住它们。

很多人常常因为记不住别人的名字而苦恼。假如你掌握了上面的这三种方法，就绝不会再遭遇叫错别人名字的尴尬了。

---

① 日语中“马场”与“老奶奶”和英语中的“理发师”发音相近。——编者注

如何一边交谈，一边记录

▶▶▶ 关注现状、原因、目标、对方重复的内容、期限及要做的事情

在一边与对方交谈，一边做记录的时候，你很难把对方说的每一个字都写下来，你只需记下谈话内容的要点。

记录的时候，你需要牢记以下三点：

①现状、原因和目标。

②对方重复两遍的话（重复的内容很重要）。

③到何时为止，做什么和怎样做（如这个月内将整理好的资料寄给 ××）。

谈话的主题和内容不同，记录的要点也不同。

因此，我建议你在做记录的时候，始终留意“在现在的谈话内容中，最重要的是什么”。

如何记录要点的例子如图 6–3 至图 6–7 所示。

我们还是用思维导图来记录，图 6–3 是提高销售业绩的分析图。

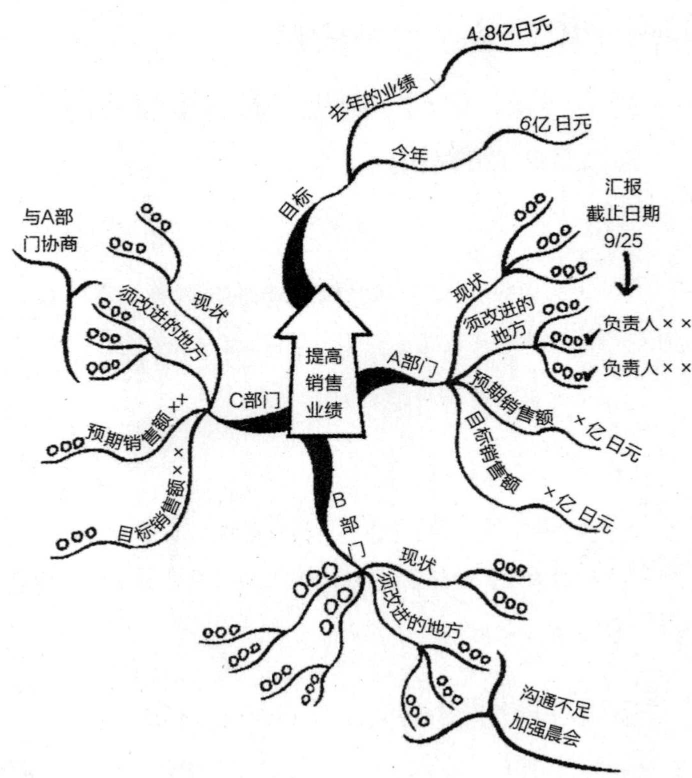

图 6-3　提高销售业绩的分析

人寿保险公司顾客增田京太及家人的信息记录如图 6–4 所示，保险员给出保险产品的建议时，必须记录家庭成员构成以及家庭成员出生日期、年龄、职业、有无贷款等信息。

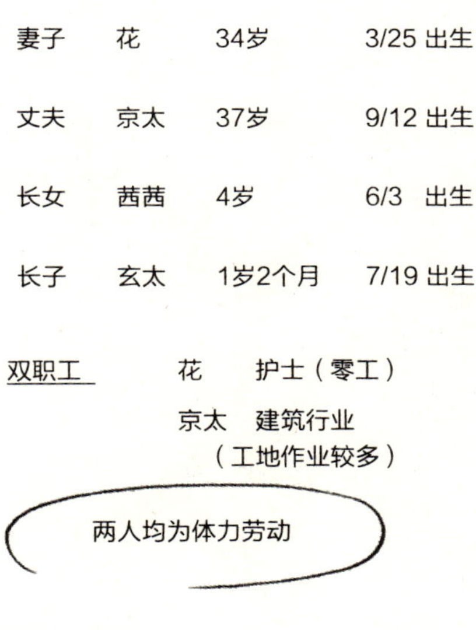

图 6–4　人寿保险公司顾客投保咨询情况

把图 6–4 的记录改为思维导图形式，如图 6–5 所示。

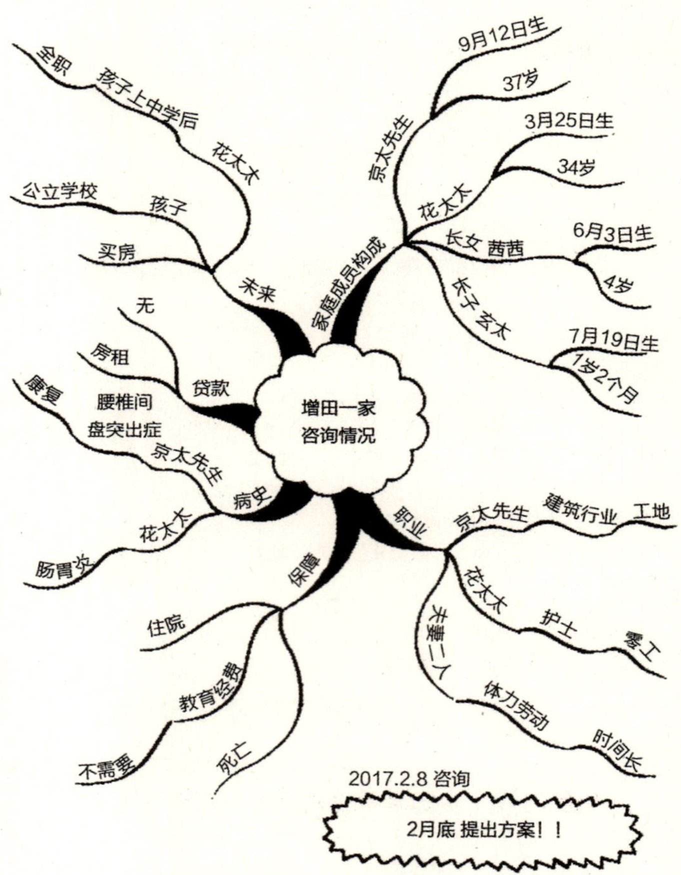

图 6–5　使用思维导图记录顾客投保咨询情况

员工培训委托公司信息记录如图 6–6 所示。为了明确委托公司通过培训想要达到的目的，委托公司的现状、培训的原因、未来的目标以及预算都是记录的要点。

MSBB咨询公司
销售部　增田部长 8月27日

前年成立的部门
去年为止 销售额年增长率10%～15%
今年的现状 下降20%↓

希望对员工进行销售培训
人数：13人（男性9人，女性4人）
年龄：25～42岁
预算最多65万，预计用时1～2天
目标……

现状：离职员工人数剧增
担心公司气氛沉闷

图 6–6　员工培训委托公司信息记录

把图 6–6 的记录改为思维导图形式，如图 6–7 所示。

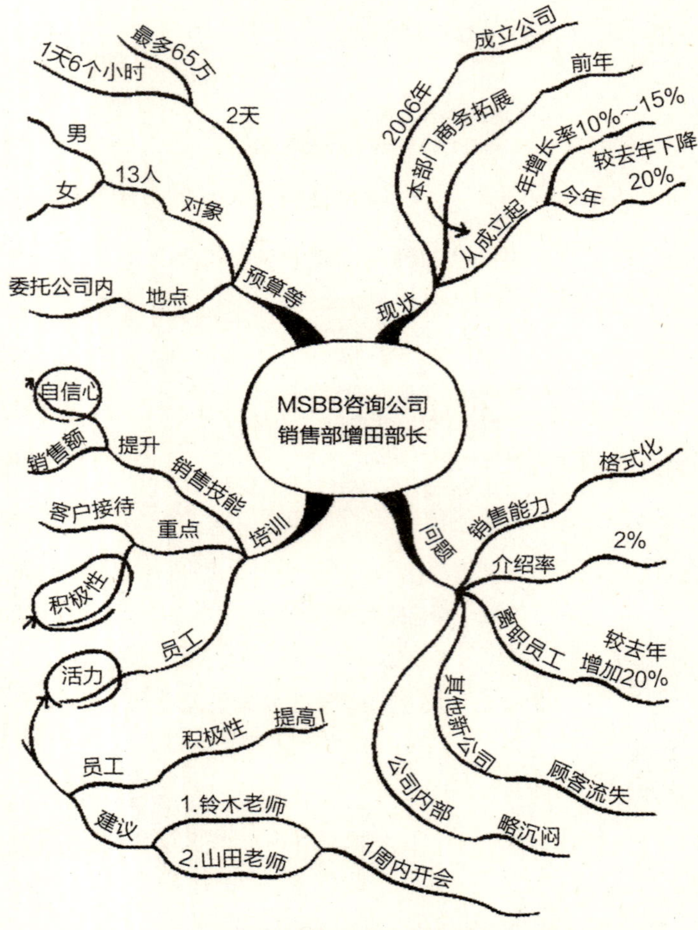

图 6–7　使用思维导图分析委托公司情况

向上级汇报工作的诀窍

▶▶▶ 把汇报内容转化为连环画的画面

公司的中层管理者经常需要将下属汇报给自己的工作向上级汇报。那么，如何准确地将你听到的汇报转述给上级？做到这一点的关键是，你需要将汇报的内容转化为故事进行记忆。

比如，你收到了如下汇报："Action 公司的近藤部长对 3 月 15 日收到的产品中出现残次品一事大为恼火。他再三警告我们不能交付螺丝松动的残次产品。他还指出，早在一年前他就已向我们提出过同样的问题，希望我们能尽快就为何产品质量一直没有改进作出解释，并给出今后的改进方案。"

假如你要将上面的内容转化为故事，我建议你像看一本连环画一样，按照事件的发展顺序，一个画面一个画面地依次记忆，如图 6–8 所示。

上述这种利用图像记忆的方式，可以帮助你轻松地回想起汇报的内容。

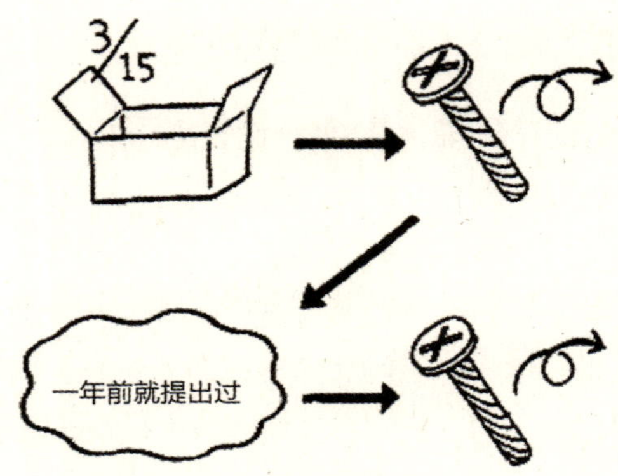

图 6-8　将记忆的内容转化为故事

如果你用这个方法从小训练孩子的话，你的孩子长大后会成为一个讲话极有逻辑的人！

在使用这个方法时，你需要注意以下几点：

- **把主题画成图（此例中为螺丝）。**
- **把要点画成图或写成句子。**
- **用箭头表示事件的发展顺序（时间顺序）。**
- **Q 是必须解决的问题。**
- **必须注明日期、时间、相关人员姓名。**

像高效能人士那样当场做笔记

▶▶▶ 当场记下金额、日期、时间、地点

无论是在工作中，还是在生活中，忘记事情都会导致人际关系的恶化，并失去他人对你的信任。下面这四件事情你绝对不能忘记：

①金钱（支付金额等）。

②日期（截止日期、约好的日期、纪念日等）。

③时间（开始的时间、结束的时间等）。

④地点（举办活动的地点、见面的地点等）。

我建议你在得知上述四点内容时，仔细地把它们写下来，并且一定要在获知的第一时间写下来。如果不当场写下来的话，过后你肯定会忘记！

假如你犯了两次同样的错误，别人就会觉得你这个人不可信。在职场上尤其如此。若在职场上因为忘记了某件事情而失去了他人的信任，后果可是非常严重的。

假如是非常重要的事情，我建议你不仅要把它们写下

来，还要发送到你的手机或电脑上。这样一来，你至少有两个可以确认的地方，确保万无一失。

只在记事本上写字没有任何意义

▸▸▸ 使用日期倒推法，将计划分为 3～5 个部分

“完了！明天就是截止日期啦!”“糟糕！我没时间准备啊!”你有过这样惊慌失措的时刻吗？

下面，我要向健忘的人介绍一种管理日程安排的好方法。

比如，3 月 20 日你要做一个关于产品销售的汇报，你有一个月的准备时间。你可以在记事本上写下这样的安排：

汇报日期：3 月 20 日

3 月 15 日（3～5 天前）确认最终汇报内容。

3 月 10 日（10～14 天前）确认汇报计划内容和 PPT 制作进度。

3 月 1 日（约 3 周前）开始制作 PPT。

2 月 15 日（约 1 个月前）确定汇报计划构想。

如上所示，你可以从汇报日开始倒推，将日程安排分成 3～5 个阶段，并写在记事本上。这样便能帮你顺利地如期完成工作。

还有一点非常重要，即你必须在工作开始、中途和结束三天前各留出一天，用来确认计划安排和已经完成的工作。

高效能人士不仅善于安排时间，而且会把准备工作做得极为精细。为了避免你发现自己忘了某事，可为时已晚，最后难以收场，我建议你做计划时给自己多留出几天时间。

如何有效地使用便笺

▸▸▸ 使用便笺的六个要点

无论是在工作还是在学习的时候，使用便笺都是一个很好的方法。若想做到方便有效地使用便笺，你需要记住以下六点：

①不同内容使用不同颜色的便笺。

②每张便笺上只写一个词。

③根据内容的重要性使用大小不同的便笺（越重要的内容使用的便笺越大）。

④把便笺贴在记事本上。

⑤把需要在两三天内完成的事情写在便笺上，如果当天不能完成，就顺延到第二天。

⑥为了避免头脑混乱，便笺的颜色最好不要超过两种。

关于便笺的颜色我想补充一点：假如你想给便笺的颜色赋予一定的意义，如紧急的事情写在红色便笺上，提醒自己的事情写在黄色便笺上等，我建议你最好只使用两种颜色的便笺。使用两种以上颜色的便笺会引起大脑混乱。

一般来说，我们的大脑最多只能不假思索地判断出两种颜色的含义。其实，用大量颜色分类并没有太大的意义。不过，假如你是一个喜欢“多姿多彩”的人，那么使用各种不同颜色的便笺也未尝不可。

遇到自己总也记不住的内容怎么办

▶▶▶ 切勿强迫自己，向擅长的人请教

为了提高记忆力，你必须了解自己擅长记忆的内容和不擅长记忆的内容。

假如你知道了自己在记忆上的弱点，那么克服了这些弱点，你就能记住所有需要记忆的内容。若想将自己的弱点转化为优点，你要先了解自己的弱点是什么，然后找到克服它们的方法。如果你确实很不擅长做某些事情，而且失败过很多次，那么你可以尝试以下方法。

①把工作委托给擅长的人或专家。

假如是不需要你自己完成的工作，那你可以委托给专业人士（如会计师、社会保险劳务士[①]或行政书士[②]等）去做。

②把时间花在自己擅长的事情上。

很多考试（如资格考试）是根据总分来决定合格与否的，

① 根据日本政府相关法律，针对客户需求，制定相关行业的劳务管理制度，指导社会保险办理等相关事项的专业人士。——编者注

② 经日本政府许可，专门接受他人的委托，处理行政事务的专业人士。——编者注

因此我建议你集中精力复习自己擅长的内容，不要花费太多的时间在你不擅长的内容上。这样，你才能取得好成绩。

③不得不做自己不擅长的事情时，向他人求助。

总有些人擅长做你不擅长的事情，我建议你向他们请教一下“是如何学会的”“有什么诀窍”。如果有可能的话，不要只请教一个人，最好请教至少三个人。向多人请教能让你更快地得到启发。

④使用水平较低的入门级书籍。

假如你周围没有可以请教的人，那么我建议你去书店买几本浅显易懂的入门书籍或适合中学生使用的辅导书、习题集等进行自学。

大脑突然一片空白怎么办

▸▸▸ 不要强行掩饰，只需深吸一口气

你是否遇到过这样的情况：在会议上、交谈时或作报告

时，别人向你提出了一个问题，可你的大脑突然一片空白。有过几次这样的经历后，你一定会担心自己下一次遇到类似情况时，大脑又一片空白吧？

“大脑一片空白”是大脑停止思考时的状态。在这种状态下，匆匆忙忙地找些话语来掩饰自己的尴尬，其实是于事无补的。既然大脑已经停止了思考，那你就必须集中精力，想办法尽快改变自己的困境。

其实，对方能在瞬间觉察到你大脑一片空白的状况，你的慌忙掩饰只能让对方更加确定你现在手足无措。

出现这种情况的时候，你可以询问对方是否可以再说一遍，并认真聆听对方的问题。你也可以说：“很抱歉，可以另外找个时间回答您的问题吗？我需要再仔细考虑一下。”这样一来，你就可以通过改变时间获得更多的准备时间，从而能对对方提出的问题做出冷静的判断和答复。

在此，我想特别强调的是，在大脑停止思考的情况下，不要不假思索地回答，或者完全不做出任何回应。话一出口，覆水难收。另外，千万不要在事后以各种借口为自己辩解，比如“当时我心里很慌……”“我太紧张了，一下子什么话都说不出来……”。诸如此类的无力的辩解只会让你信誉扫地。

当我遇到自己不知道答案的问题时，我会诚实地说“我不知道”。知之为知之，不知为不知。在我的人生经历中，从没有过因为承认自己不知道而导致严重后果的情况。相反，有些人反倒极为欣赏我的诚实。不过，若你想尽可能地避免说出“我不知道”，那么你需要事先做好充足的准备。比如，在开会之前，你可以仔细阅读与议题相关的材料。还有一个了解会议内容的好办法——提前向将要和你一起出席会议的同事咨询。

另外，我建议你在开会之前，尽可能多地准备一些自己的意见和想法。充分的准备不仅可以让你散发出自信的光彩，而且能够助你精益求精，更上一层楼。

● 记忆小窍门

“反躬自省”过去的一天

从你今天早晨起床后到现在，你都做了什么事情？

像这样回想一天中发生的事情，能有效地增强你唤起记忆的能力。

在你回想自己一天的经历时，你会发现有些事情你记得很清楚，而有些事情你怎么也想不起来。如果有什么事情想不起来的话，我建议你问问自己在哪里做了什么。如“我在厨房做了什么”，这样一问，就可能唤起零星细碎的记忆。

我们可以通过询问来追寻记忆碎片，从而拼接出记忆的全貌。

“哎呀，一个名字、一个词就在嘴边，可就是想不起来……”你有过这样的情况吗？不管是在学习中，还是在工作中，我想你肯定遇到过这样的问题。不过，假如你能养成“反躬自省”一天中发生了什么事情的习惯，上述这些困扰你的问题就能轻松化解。

回顾经历有助于再现你脑海中的记忆，并且能增强你的记忆力。

当你回顾往事时，如果想起来的东西少之又少，这就说明你再现记忆的能力不足。因此，你需要每天重复练习“反躬自省”，一点一滴地增多存留在脑海中的内容。

等这个练习已然成为你的习惯之后，你在学习中也能更加容易地回想起学习过的内容。

回想的顺序如下：

①按时间顺序回顾一天中你经历的事情的画面。

②回顾你做了什么，说了什么，有过什么感觉。

③当你想不起来的时候，问问自己在哪里做了什么，并回忆一秒钟。

④假如还是想不起来，就跳回你能想起来的记忆画面上。

此外，不断追问自己“做了什么”还能培养你在考试中决不气馁、在工作中坚持不懈的精神。

不要浪费有限的宝贵时间

首先，非常感谢你读完了这本书。

他人对你的信任，来源于你能够履行对家人和友人的承诺，经营企业时不违反规则，在与商业伙伴的合作中诚实守信、按时完成任务……所有的信任均来自你不忘约定、遵守诺言的一言一行。

在我看来，不忘即“爱”。

假如你一次又一次地忘记自己对他人的承诺，便会失去他人对你的信任。若想挽回已然失去的信任，需要花费大量的时间。建立信任需要经年累月，而摧毁信任往往只在一瞬之间。如果你身在职场，想必深有感触。

假如你可以把我在本书中教授的方法付诸实践，自然能快速唤醒并增强自己的记忆力，得到他人更多的信任。这将成为你人生中一笔无价的财富。

在我遇到的人当中，值得信赖的人总是那些连一件小事都记得清清楚楚的人。每次遇到这样的人，我都不禁在心里感叹“他对我真好呀”“他连这么小的事情都记得，太让我感动了”“真想再见到他啊”。

正如本书中提到的那样，增强记忆力不仅有助于提高工作技能、考取各种资格证书，还有助于在工作上和生活中处理和改善人际关系。

提高记忆力可以改变你的人生，可以让你的人生变得更加绚烂多姿。

本书的诞生，缘于大和书房的三轮谦郎先生邀请我写一本“谁都能读懂的关于记忆的方法及其应用”且“能成为经典”的书。到我写完本书为止，三轮先生一直在给予我大力的支持，十分感谢他对此书的无比热忱。另外，我要感谢 Silas 咨询公司的星野友绘女士，若没有星野女士，本书就无法出版。另外，她在我的整个写作过程中，给予了我很多灵感与启发。我还要感谢我的助手小斋希美女士的热心帮助，感谢神田昌典先生在专业知识方面给予我的帮助，感谢石森久惠女士等我的所有学生，感谢我在尽力舍公司和 Proactive 公司的同事，以及所有为本书的写作与出版付出了努力的人。感谢你们给予我的支持与帮助。

最后，我有几句话送给你们——我的读者。

提高记忆力能让你拥有坚不可摧的自信。我希望你在增强记忆力的过程中，不仅能够获得乐趣，而且能够提升自身的能力，成为众人仰望、值得信赖的人。我真诚地希望本书能够在你通往工作、学习的成功之路上助你一臂之力。

参考文献

『海馬—脳は疲れない』(池谷裕二、糸井重里 / 新潮文庫)

『完訳 7 つの習慣 人格主義の回復』

(スティーブン・R・コヴィー、フランクリン・コヴィー・ジャパン / キングベアー出版)

『あなたも今までの 10 倍速く本が読める』(ポール・R・シーリィ / フォレスト出版)

『フォトリーディング速読勉強法』(山口佐貴子 / かんき出版)

『ザ・マインドマップ』(トニー・ブザン、バリー・ブザン / ダイヤモンド社)

未来，属于终身学习者

我这辈子遇到的聪明人（来自各行各业的聪明人）没有不每天阅读的——没有，一个都没有。巴菲特读书之多，我读书之多，可能会让你感到吃惊。孩子们都笑话我。他们觉得我是一本长了两条腿的书。

——查理·芒格

互联网改变了信息连接的方式；指数型技术在迅速颠覆着现有的商业世界；人工智能已经开始抢占人类的工作岗位……

未来，到底需要什么样的人才？

改变命运唯一的策略是你要变成终身学习者。未来世界将不再需要单一的技能型人才，而是需要具备完善的知识结构、极强逻辑思考力和高感知力的复合型人才。优秀的人往往通过阅读建立足够强大的抽象思维能力，获得异于众人的思考和整合能力。未来，将属于终身学习者！而阅读必定和终身学习形影不离。

很多人读书，追求的是干货，寻求的是立刻行之有效的解决方案。其实这是一种留在舒适区的阅读方法。在这个充满不确定性的年代，答案不会简单地出现在书里，因为生活根本就没有标准确切的答案，你也不能期望过去的经验能解决未来的问题。

而真正的阅读，应该在书中与智者同行思考，借他们的视角看到世界的多元性，提出比答案更重要的好问题，在不确定的时代中领先起跑。

湛庐阅读 App：与最聪明的人共同进化

有人常常把成本支出的焦点放在书价上，把读完一本书当作阅读的终结。其实不然。

时间是读者付出的最大阅读成本

怎么读是读者面临的最大阅读障碍

“读书破万卷”不仅仅在“万”，更重要的是在“破”！

现在，我们构建了全新的“湛庐阅读”App。它将成为你“破万卷”的新居所。在这里：

- 不用考虑读什么，你可以便捷找到纸书、电子书、有声书和各种声音产品；
- 你可以学会怎么读，你将发现集泛读、通读、精读于一体的阅读解决方案；
- 你会与作者、译者、专家、推荐人和阅读教练相遇，他们是优质思想的发源地；
- 你会与优秀的读者和终身学习者为伍，他们对阅读和学习有着持久的热情和源源不绝的内驱力。

下载湛庐阅读 App，
坚持亲自阅读，
有声书、电子书、阅读服务，
一站获得。

CHEERS

本书阅读资料包

给你便捷、高效、全面的阅读体验

本书参考资料

湛庐独家策划

- 参考文献
为了环保、节约纸张，部分图书的参考文献以电子版方式提供
- 主题书单
编辑精心推荐的延伸阅读书单，助你开启主题式阅读
- 图片资料
提供部分图片的高清彩色原版大图，方便保存和分享

相关阅读服务

终身学习者必备

- 电子书
便捷、高效，方便检索，易于携带，随时更新
- 有声书
保护视力，随时随地，有温度、有情感地听本书
- 精读班
2~4周，最懂这本书的人带你读完、读懂、读透这本好书
- 课　程
课程权威专家给你开书单，带你快速浏览一个领域的知识概貌
- 讲　书
30分钟，大咖给你讲本书，让你挑书不费劲

湛庐编辑为你独家呈现
助你更好获得书里和书外的思想和智慧，请扫码查收！

（阅读资料包的内容因书而异，最终以湛庐阅读App页面为准）

图书在版编目（CIP）数据

改变人生的超强记忆法 / （日）山口佐贵子（Yamaguchi Sakiko）著；（德）阿夫译. -- 杭州：浙江教育出版社，2023.3
ISBN 978-7-5722-5365-2

Ⅰ. ①改… Ⅱ. ①山… ②阿… Ⅲ. ①记忆术 Ⅳ. ①B842.3

中国国家版本馆CIP数据核字（2023）第028246号

浙江省版权局
著作权合同登记号
图字:11-2022-370号

上架指导：高效记忆 / 脑科学

改变人生的超强记忆法
GAIBIAN RENSHENG DE CHAOQIANG JIYIFA
[日] 山口佐贵子　著
阿夫　译

责任编辑：傅　越
美术编辑：韩　波
责任校对：李　剑
责任印务：陈　沁
封面设计：ablackcover.com
出版发行：浙江教育出版社（杭州市天目山路 40 号　电话：0571-85170300-80928）
印　　刷：石家庄继文印刷有限公司
开　　本：880mm×1230mm　1/32　　插　　页：1
印　　张：6.375　　字　　数：101 千字
版　　次：2023 年 3 月第 1 版　　印　　次：2023 年 3 月第 1 次印刷
书　　号：ISBN 978-7-5722-5365-2　　定　　价：79.90 元

如发现印装质量问题，影响阅读，请致电 010-56676359 联系调换。